“十二五”职业教育国家规划教材
经全国职业教育教材审定委员会审定

ENSHI
GONG
SHENGCHAN
GONGYI
LIUCHENG

认识化工生产工艺流程
——化工生产实习指导

第二版

郭泉 编著

化学工业出版社
·北京·

本书是作者根据长期从事的实践环节教学和化工生产的经验编著而成，适合化工专业学生认识实习和生产实习课程使用。本书全面分析了化工生产工艺流程，介绍了认识化工生产工艺流程的基本原则、方法和步骤，揭示了化工生产工艺流程的内在规律。

全书共分12章，着重介绍了化工生产工艺流程的组成，构成化工生产工艺流程的基本要素，认识化工生产工艺流程的基本步骤，重点分析了化工生产过程中各单元操作的特点并建立了认识其流程的方法。为了确保知识的系统性，还对认识化工生产过程控制系统、化工生产的公用工程系统和化工生产工艺流程图画法进行了简要介绍。

本书题材新颖、图文并茂，有大量的现场生产设备图，采用彩色印刷，每页都附有实用性很强的“小贴士”，涉及常识、安全、急救等方面的知识。本书便于教师指导，也适于学生自学，可作为化工及相关专业学生实训、实习的指导用书。

图书在版编目（CIP）数据

认识化工生产工艺流程——化工生产实习指导/郭泉编著．—2版．北京：化学工业出版社，2014.8（2021.8重印）
“十二五”职业教育国家规划教材
ISBN 978-7-122-21074-6

Ⅰ.①认…　Ⅱ.①郭…　Ⅲ.①化工生产-生产流程-职业教育-教材　Ⅳ.①TQ06

中国版本图书馆CIP数据核字（2014）第141181号

责任编辑：窦　臻　　装帧设计：尹琳琳
责任校对：王素芹

出版发行：化学工业出版社（北京市东城区青年湖南街13号　邮政编码100011）
印　　装：北京捷迅佳彩印刷有限公司
850mm×1168mm　1/32　印张$6^1/_2$　字数162千字
2021年8月北京第2版第6次印刷

购书咨询：010-64518888
售后服务：010-64518899
网　　址：http://www.cip.com.cn
凡购买本书，如有缺损质量问题，本社销售中心负责调换。

定　　价：30.00元　

FOREWORDS 前 言

《认识化工生产工艺流程》自2009年出版以来，已发行超万册，特别是在教育部高职高专化工技术类专业教学指导委员会、中国化工教育协会主办，常州工程职业技术学院承办的化工技术类专业教师技能高级研修班暨全国化工职业院校专业教师化工总控工技师培训班被用作培训教材后，得到了很多兄弟院校同行老师的认可和好评。荣获中国石油和化学工业优秀出版物奖（教材奖）；被教育部立项为"'十二五'职业教育国家规划教材。"

本书虽然取得一定成绩，但也存在一些缺陷，同时随着科学技术的不断发展，很多新技术、新设备在化工生产中得到了广泛应用，很有必要进行修订，同行和读者的一些好的建议给修订工作提供了很大帮助和支持。

这次修订，在保持第一版原有风格的基础上，吸收了同行专家的建议，对书中存在的个别缺陷进行了弥补，对近期出现的新技术、新设备进行了补充。除保持了原有的章节外，另增加"化工生产过程控制系统的认识"一章，确保学习本书的读者对化工生产工艺流程认识的完整性。

本书修订过程中得到了常州工程职业技术学院和化工系领导的大力支持；在编著"化工生产过程控制系统的认识"一章过程中，还得到了常州工程职业技术学院自动化系刘书凯老师的积极协助；另外还得到了化学工业出版社编辑的热情鼓励，在此一并致谢。

由于笔者水平有限，恐难尽如人意，敬请广大读者批评指正。

郭 泉

2014年3月18日

FOREWORDS 第一版前言

化工生产过程实习是指化工专业学生的认识实习和生产实习，这个过程是化工类专业教学最为重要的一个实践环节，是学生走出校门、踏上工作岗位的第一步。“认识化工生产工艺流程”就是我们通常说的“摸流程”，它是认识实习和生产实习最主要的内容，也是要成为合格化工生产工作者首先必须完成的任务之一。

进入大型化工企业工作首先是接受培训，主要培训内容就是对工艺流程的熟悉，最终要达到对生产现场每一个管道内流动介质的所有信息（名称、流向、温度、物化性质等）都掌握，对管路中的阀门、仪表的运行状况也要非常清楚，经多次考核合格后才能取得上岗资格。化工生产企业对员工是否掌握生产工艺流程的要求是非常高的，可见熟练掌握化工生产工艺流程是化工生产工作者最基本的工作能力。

目前在国内尚没有专门指导化工专业学生认识化工生产工艺流程的教材，学生“摸流程”时，往往不得要领，这同时也给实习指导老师和工厂的工人师傅带来了很多困扰。特别是随着高等职业院校教学改革的不断深入，建成了很多化工生产实训装置和实训基地，为了节省资源，一般都将很多功能融合在一套实训装置上，其结果是管路走向非常复杂，更增加了学生“摸流程”的难度。因此，笔者根据长期从事实践环节教学和化工生产的经验，编写了这本供化工专业学生认识实习和生产实习课程使用的教材，以便让学生通过本教材的学习，在实习和实训过程中，少走一些弯路，达到事半功倍的效果。

本教材在编写过程中得到了常州工程职业技术学院各级领导的大力支持，特别是得到了化工系很多专业老师的指导，在此一并表示感谢！

考虑到这是一本指导实践课程的教材，为便于教师指导和学生学习，本书采用了通俗的语言进行介绍，选用了很多从生产现场拍摄的生产设备图片以增强直观性，全书每页都附有实用性很强的"小贴士"，涉及常识、安全、急救等方面的知识。

由于时间仓促，本人水平有限，本书难免存在不足之处，敬请有识之士批评指正。

郭　泉

2009年6月

CONTENTS 目 录

第一章　绪　论

化学工业是国民经济重要的支柱产业和基础产业，为国民经济尤其是相关领域的发展提供能源、基础原材料及农用化学品等，与工农业生产、交通运输、国防科技以及百姓吃穿住行等各个领域密切相关，具有资源资金技术密集、产业关联度高、经济总量大、产品应用范围广的特点，对促进相关产业升级，拉动经济增长具有十分重要的作用。“十一五”末期，全行业产值占整个工业的比重约11%。从20世纪50年代起，在全球迅猛发展的石油化学工业更使得这个具有悠久历史的产业有了长足的发展。我国的化学工业在进入改革开放的30多年内，其结构和规模均发生了巨大的变化。化学工业的结构已从以化肥和酸碱盐为主的无机化工发展成为门类齐全的化学工业体系。20世纪70年代以来，随着我国石化工业的发展，有机化工原料和三大合成材料的生产迅猛崛起，从而带动了化纤、橡胶、塑料、染料、涂料、农药、医药、精细化工、国防化工等行业的全面发展。目前，我国的化肥和染料的产量已跃居世界第一，合成氨、硫酸、纯碱、农药居第二位，乙烯、合成材料、醋酸、烧碱等产品产量也位居世界的前列。在国内，化学工业是国民经济最重要的基础产业，也是中国制造业的主要产业之一。根据国家行业分类标准，在制造业所包括的30个行业中，化学工业占有其中的7个行业（炼焦及核燃料加工业、化学原料及化学品制造业、医药制造业、化学纤维制造业、塑料制造业、橡胶制造业、专用设备制造业）。

化工产品早已渗透到人们的衣、食、住、行、用等各个领域，将人们带进一个五彩缤纷、姹紫嫣红的世界，极大地丰富了人们的生活，化工产品无时无刻不出现在人们的生活中，化学工业在国民经济中所占的比例还会越来越大。伴随着化学工业的飞速发展，各化工企业对人才的需求也是空前旺盛，特别是对高素质、能熟练操作的优秀化工技术人才更是求贤若渴。

什么样的人才才算得上是化工企业急需的优秀人才呢？作为一名优秀的化工技术人才必须在掌握一定理论知识的同时，还要熟悉

图1-1　生产车间一角（1）

化工生产的特点，对化工生产工艺流程要做到了如指掌。

一般来说，生产过程复杂、生产工序多、操控要求高是化工生产的主要特点，有些产品需要几十个生产工序才能完成，涉及物料的输送、化学反应及反应产物的分离等过程。图1-1 ～图1-4为某化工厂生产车间一角。从图上来看，设备林立，管道纵横交错，密如蛛网。

化工生产过程中的化学反应条件、产物分离条件多比较苛刻，原料、产品也往往是易燃易爆的物质，因此对生产过程的操控要求是相当高的，稍有不慎非但得不到合格产品，还有可能引起重大事

图1-2 生产车间一角（2）

故。客观上化工生产企业必须要有一批高素质生产者来维持生产的进行。

事实上，当一名化工生产的初学者来到化工生产车间时，面对形形色色的管道、各色各样的设备，就好像刘姥姥进入了大观园，摸不着头脑，有些人还会产生恐惧感。而对一名优秀的化工生产工作者来说，面前的一切，就犹如一头牛在庖丁眼里一样，对其结构成竹在胸。

能否正确地认识化工生产工艺流程对一名化工生产初学者来说是非常重要的。形象一点说，从原料到产品之间的化工生产工艺流程就好像是人们旅途中的起点到目的地之间的行程一样，在起点和

图1-3 生产车间一角（3）

目的地之间会有很多支路、三岔路，前进时必须看准方向认清道路，这样才能快速准确到达目的地，否则就会有差之毫厘失之千里的可能。同样，只有正确地认识好化工生产工艺流程才能正确地了解、熟悉化工生产过程，为以后的生产过程中较快地进入角色，为培养自己在实际生产过程及时地发现问题并解决问题、确保稳定生产、提高生产效率的能力，打下坚实的基础。

为了能使化工生产初学者在短时间内对化工生产工艺流程有较

好的了解，掌握化工生产工艺流程的认识规律，在后面的章节里，将对化工生产工艺流程进行分解，确立构成化工生产工艺流程的基本要素和认识化工生产工艺流程的基本原则，并建立化工生产各单元操作工艺流程的认识方法。

另外，为了使化工生产初学者在认识化工生产工艺流程的同时能够全面了解化工生产过程，在以后的章节中还将介绍化工生产原料的性质、计量；化工产品包装；公用工程系统及安全生产的一些相关知识。

图1-4 生产车间一角（4）

第二章　化工生产工艺流程概况

辞海里说：流程是水流的过程。在工业生产中，从原料到制成成品各项工序安排的程序，叫工艺流程。将化工原料制成化工产品各项工序安排的程序称之为化工生产工艺流程。通常用化工工艺流程图和工艺说明来表达化工生产工艺流程。

一、化工工艺流程图简介

化工工艺流程图是化工技术人员用图来表达化工生产过程的一种方式。化工生产工艺流程图主要包括方案流程图（工艺流程示意图）和带控制点流程图，其特点是简明、直观，一目了然。具体画法将在第十一章介绍。图2-1为乙烯氯化生产二氯乙烷的

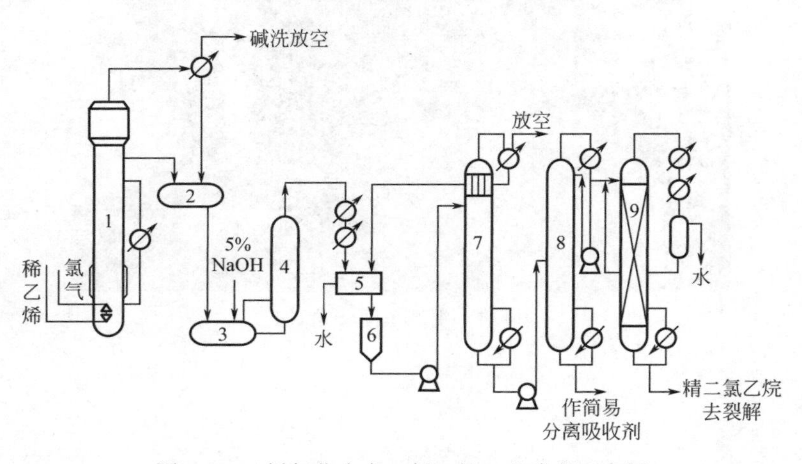

图2-1　乙烯氯化生产二氯乙烷工艺流程示意图

1—氯化塔；2—中间槽；3—卧式储槽；4—闪蒸塔；5—分层槽；6—低沸塔进料槽；7—低沸塔；8—高沸塔；9—脱水塔

忠告：

不穿带铁钉的鞋子进入车间

生产工艺流程示意图。

化工流程图对描述化工生产工艺流程有着不可替代的作用，对于一个优秀化工生产工作者来说，学会识图、画图（化工工艺流程图）是必不可少的。

二、化工生产工艺流程说明

工艺流程说明是用文字的方式对化工生产工艺流程进行描述的另一种方式，其特点是详细、透彻，在表述过程中可以将原材料、辅助材料的名称，工艺条件等一并表达出来。下面就是乙烯氯化生产二氯乙烷的工艺流程说明。

稀乙烯与氯气一起通过喷嘴鼓泡通入氯化塔1底部。氯化塔属于气液相鼓泡反应器，该塔内充满二氯乙烷，乙烯和氯气在二氯乙烷中进行反应。催化剂$FeCl_3$由塔本身腐蚀产生，反应温度为308～313K，常压操作，为了保证气液相良好的接触，还采用了外循环冷却器。外循环冷却器中的液体和塔内液体因塔内的鼓泡作用和温度不一致，使液体的相对密度不同而形成循环，能起到搅拌的作用，改善氯化效果。塔下部分设有夹套冷却器，协助移走反应热。氯化反应液含有1,2-二氯乙烷及一些低沸点、高沸点副产物和酸性无机杂质，从塔上侧溢流管流入中间槽2。塔顶扩大部分的作用是减少雾沫夹带。反应尾气由塔顶流出，经冷凝器把尾气中带出的一部分二氯乙烷冷凝回入中间槽。残余气体经碱洗后放空。

氯化液由中间槽2进入卧式储槽3中，用氢氧化钠溶液中和酸性杂质后进入闪蒸塔4。闪蒸塔塔釜内装有U形蒸汽加热管，把二氯乙烷和水蒸出，以除去$FeCl_3$等无机杂质。闪蒸塔塔顶蒸汽冷凝后入分层槽5，上层水回入水槽作为配碱用，下层为纯度90%～95%的粗二氯乙烷，入低沸塔进料槽6。

粗二氯乙烷由低沸塔进料槽流出，用泵打入低沸塔7上部，塔顶温度控制在313～333K，塔顶尾气经冷凝后放空。冷凝液回分层槽5。塔釜温度为365～367K，釜温为含高沸物的二氯乙烷，用泵打入高沸塔8中部。高沸塔塔顶温度为357～389K，塔顶蒸出的二氯乙烷纯度大于99.5%，其中尚含有水，由脱水塔9塔顶进料，脱水塔塔顶温度控制在二氧乙烷和水的共沸点345～349K，得到二氯乙烷和水的共沸物，静置分层，分出水层，二氯乙烷层回流入塔。脱水塔塔釜温度为363K左右。塔釜出料即为二氯乙烷产品。

通过化工生产工艺流程图及工艺说明，读者可以对化工生产过程有一个全面的了解。要成为一名合格的化工生产工作者，除了具备一定的理论基础，还必须通晓产品生产的工艺流程，对产品的生产工艺流程要了如指掌，而在没有化工产品生产工艺图和工艺说明的情况下，就必须要认真地对化工产品生产工艺流程进行摸索、认识，并且能绘制出化工产品生产的工艺流程图、写出流程名。

三、化工生产工艺流程的组成

一般来说化工产品的生产过程都比较复杂，主要体现在生产工序多、操控要求高。有时要得到一个化工产品需要经过几十个工序，动用上百个设备。但有一点是不变的，那就是任何化工产品的生产过程都包含若干个化学反应、产物分离、物料输送流程、热量传递等单元式的生产过程，因此，为了便于对化工生产工艺流程的认识，可将化工生产工艺流程分割成化学反应、物料分离、物料输送流程及热量传递、物料的计量包装等单元式的工艺流程。在认识流程时，从单个流程开始认识，逐个击破，最后再汇总，达到认识整个流程的目的。

物料输送工艺流程　是在化工生产过程中将物料从一个设备输送到另一个设备工序安排的程序。在化工生产过程中会使用很多设备，也就需要有将物料在各设备之间转移的工序。由管路、储罐和输送设备组成的工艺流程即为化工生产过程中的物料输送工艺流程。物料输送工艺流程是化工生产工艺流程中的纽带，是将各生产设备联系在一起的生命线，它的作用就好像生活中汽车、公路及桥梁，能及时将人们生产、学习、生活所需要的物资运送到目的地。合理的输送工艺流程不仅能提高生产效率而且能降低能耗，反之亦然。图2-1中的三只输送泵及管道、储槽构成的流程即流体输送工艺流程。

传热工艺流程 是在化工生产工艺过程中控制温度、压力工序安排的程序。化学反应和反应物料的分离都是在一定的温度、压力下进行的，用来控制化工生产过程中温度、压力的工艺流程即为能量传递工艺流程。能量传递工艺流程包括热量传递工艺流程和冷量传递工艺流程，能量传递工艺流程是化工生产工艺流程的控制部分，化工生产过程中的温度、压力可由它们来调节。合理的能量传递工艺流程能大大地提高生产效率而且能极大地减少能耗，降低生产成本，提高经济效益，它也是衡量该生产工艺水平的一个重要指标。图2-1中的三个加热器和八个冷却器及管路构成的工艺流程即为能量传递工艺流程。

化学反应工艺流程 是化工原料在反应装置里进行化学反应得到新产品工序安排的程序，它是化工生产工艺流程的核心部分，它的先进与否直接关系到该生产工艺技术水平。很明显，在化工生产过程中肯定会发生一个或多个化学反应，只有发生化学反应的生产过程才是化工生产过程。图2-1中的氯化塔即为生产二氯乙烷的反应装置，是生产二氯乙烷的核心部分。乙烯和氯气从塔的底部进入反应塔，经鼓泡反应后氯化液从塔的上部溢流进入中间槽。这一部分的流程就简单确定为化学反应工艺流程。

物料分离工艺流程 是将化学反应工艺流程中的生成物分离成高纯度产品各项工序安排的程序，有时也称之为传质工艺流程。我们知道，原料在发生化学反应时会同时发生很多副反应，也就会产生很多副产物。而化工生产是要根据工艺要求得到较纯物质，因此，在化工生产过程中就必须将发生化学反应得到的混合物进行分离从而得到较纯的物质。实际上，之所以认为化工生产过程复杂，主要表现在反应混合物的分离过程复杂。一个产品的分离可能包含吸收、精馏、过滤、萃取、结晶、干燥等多个工序。因此在认识化工生产物料分离工艺流程时可将分离工艺流程再分解成吸收、精馏、过滤、萃取、结晶、干燥等比较简单的单元式物料分离工艺流程。化工生产物料分离工艺流程是化工生产工艺流程的主要部分，它的优良与否直接关系到该产品的收率情况，也是衡量该生产工艺水平的主要指标。图2-1中的闪蒸塔、分层槽、低沸塔、高沸塔和脱水塔等都是用来提高产品纯度的设备，由它们构成的工艺流程即为分离工艺流程。

物料计量、包装工艺流程 计量就是在化工生产过程中对原料、中间产物、产品进行量化的过程。包装是为便于产品的储运、对外供应而进行的一种操作。在化工企业中，物料的计量、包装是化工生产过程不可或缺的一部分。准确、快速对物料计量、包装对确保整个化工装置生产过程的安全连续运转，有着非常密切的关系和重要作用。

需要强调的是将化工生产工艺流程分割成单元式工艺流程只不过是为了便于认识生产流程的一种理想化设想，在实际化工生产过程中这些单元式工艺流程之间并不存在严格界限，它们都是有机融合在一起的。如在二氯乙烷生产过程中，由氯化塔、闪蒸塔、分层槽、低沸塔、高沸塔及脱水塔等设备构成的流程为化学反应工艺流程及分离工艺流程，而这些设备在流体输送工艺流程中的作用就是理想化的储罐、储槽，同样在能量传递过程中也是如此，有些反应设备既是反应器又是换热器。随着科学技术的进步甚至出现了反应分离于一体的装置，使得工艺流程更为简单高效。因此，在进行流程分割时千万不能死搬教条，流程的分割没有标准的答案，流程分割的唯一目的就是为了方便认识流程，也就是说怎样认识流程方便就怎样分割流程，否则就没有任何实际意义。

在一个化工生产工艺流程里可能只有一个反应工艺流程也可能含有多个反应工艺流程，分离工艺流程也可以是由若干个单元分离工艺流程组成，相同的在流体输送工艺流程和能量传递工艺流程中也是一样的，有时有多个工艺流程相互融合在一起，看起来还是非常复杂。因此，在认识化工生产工艺流程时必须要弄清构成化工生产工艺流程的基本要素，掌握认识化工生产工艺流程的基本原则，这样就能又快又准地认识化工生产工艺流程。

第三章　构成化工生产工艺流程的基本要素

为了便于对化工生产工艺流程的认识，我们将化工生产工艺流程分割成化学反应、分离、流体输送及能量传递等单元式的工艺流程。但由于化工生产工艺流程是由若干个工艺流程相互融合在一起，看起来仍然显得非常杂乱无章。为了能使认识化工生产工艺流程有一个比较明确的原则和步骤，寻找一个切入口，特确定关键设备、化工管路、测量显示仪表为构成化工生产工艺流程的三个基本要素。

一、关键设备

化工生产工艺流程中有很多化工设备，但它们在化工生产过程中起的作用是不一样的，有些是起主导作用的。它们的优劣及运转状况关系到化工生产能否正常进行，它们的存在决定了生产流程的性质和走向。化学反应肯定是在反应釜、反应器、反应塔内进行的，物料的转移就必须要用泵输送，同时，它们的优劣还决定着化工生产工艺水平的高低。而有些设备在化工生产过程中则只起到辅助作用，对化工工艺的流程没什么影响。我们将在化工生产工艺流程中起主导、决定性作用的设备称为关键设备。

在确认关键设备时，可将反应釜、反应器、反应塔等进行化学反应的设备定为化学反应工艺流程中的关键设备；泵为流体输送工艺流程中的关键设备；换热器为能量传递工艺流程中的关键设备；精馏塔、吸收塔、过滤器、干燥器等为分离工艺流程中关键设备。

在认识化工生产工艺流程时首先要做的就是寻找关键设备，并找准关键设备。寻找关键设备是认识化工生产工艺流程的切入点、突破口。找准了关键设备就能事半功倍地认识好流程。如何才能又快又准地找到关键设备呢？通常有这样几种方法：首先在设备上查找设备铭牌，管理较好的车间，设备上有铭牌并有挂有设备名称的标牌；其次是根据设备的外形来判断，绝大部分化工设备都有其独特的外部形状；如果前面两种方式都不能确认的话，可根据所学知识、依据已知设备的功能加以分析并进行推断，这样也能找出关键设备。怎样具体确认关键设备将在流程认识方法里详细介绍。

二、化工管路

管路是将化工设备有机、科学联系在一起的纽带，也是物料转移的通道。管路就好像是人们生活中的公路、铁路、大江河流，通过它们将城市、村庄、企业连在一起，使企业能正常运转，人们能够有序地生活。同样的，在化工生产工艺流程中就靠管路把各关键设备连在一起，维持着生产的正常进行。正因为管路在流程中起的是纽带作用，因此在认识流程时就应该顺着管路去找设备，确认流程的走向。

为了对认识化工生产工艺流程有更好的帮助，有必要对化工管路知识有所了解。下面我们就对化工管路方面的基础知识做一些简单的介绍。

化工管路主要由管子、管件和阀件三部分组成，另外，还有附属于管路的管架、管卡、管撑等部件。

1. 管子

管子是化工管路最基本的组成部分，化工生产过程中常用的管子一般有金属管和非金属管两大类，金属管有铸铁管、钢管和有色金属管三种，非金属管有陶瓷管、水泥管、玻璃管、塑料管、橡胶管和衬里管。

（1）金属管

① 铸铁管　它是用上等灰铸铁铸成，常用于埋在地下的供水总管线、煤气管、污水管或料液管等。其优点是价廉、耐碱液、耐浓硫酸等，缺点是拉伸强度、弯曲强度和紧密性差，不能用于输送有毒或易燃气体，也不易输送高温液体。还因为脆性大，不适于焊接和弯曲加工。

② 钢管　钢管有无缝管和焊管两种。无缝钢管使用棒料钢材经穿孔热轧或冷拉制成。因没有接缝，故称无缝钢管。无缝钢管的特点是质地均匀强度高，壁厚较薄。无缝钢管在生产中常用于高压蒸汽和过热蒸汽、高压水和过热水、高压气体和液体的管路，以及输送易燃、易爆、有毒的物料管路等。各种换热器内的管子大都采用无缝钢管。输送强烈腐蚀性或高温的介质时，采用不锈钢、耐酸钢或热钢制的无缝钢管。焊管，是用低碳钢焊接成的钢管，在管壁上有一条焊缝故又称有缝管，它的优点是价廉、易制造，但由于接缝的不可靠性，故只应用于0.8MPa（表压）以下的水、暖气、煤气、压缩空气和真空管路。

③ 有色金属管　化工厂在某些特殊情况下，需要使用有色金属管：铜管、黄铜管、铅管和铝管。铜管（或称紫铜管）质轻，导热性好，低温强度高，适用于低温管路和低温换热器的列管。细的铜管常用于传递有压力的液体（如润滑系统、油压系统），当工作温度高于523K时，不宜在高压下使用。黄铜管多用于海水管路。铅管的抗腐蚀性良好，能抗硫酸及10%以下的盐酸，但不能用于浓盐酸、硝酸和醋酸等的输送管路。铅管的最高允许温度为413K，因而易于碾压锻制和焊接，但机械强度差，导热效率低，且性软，因此目前为各种合金钢和塑料所代替。铝管的耐蚀性能由铝的纯度决定，广泛用于输送浓硝酸、甲酸、醋酸等物料的管路（不耐碱），

还可用以制造换热器。小直径的铝管可代替铜管，传送有压力的流体，当工作温度高于433K时，不宜在高压力下使用。

（2）非金属管道

① 陶瓷管　陶瓷管能耐酸碱（除氢氟酸外），但脆性大，强度低，耐压性差，可用来输送工作压力为0.2MPa及温度在423K以下的腐蚀性介质。

② 水泥管　水泥管多用作下水道污水管。

③ 玻璃管　玻璃管具有耐蚀、透明、易清洗、阻力小、价格低廉等优点，但又有脆性大、热稳定性差、耐压力低等缺点。玻璃管的化学耐蚀性很好，除氢氟酸、含氟磷酸、热浓磷酸和热浓碱外，对大多数酸类、稀碱液及有机溶剂等均耐蚀，可用于输送这些物质。

④ 塑料管　常用塑料管有硬聚氯乙烯塑料管、酚醛塑料管和玻璃钢管。硬聚氯乙烯塑料管具有抵抗任何浓度的酸类和碱类的特点，但不能抵抗强氧化剂，如浓硝酸、浓硫酸等，也不能抵抗芳香烃和卤代烃的作用。它可用于输送0.5～0.6MPa（表压）和263～313K的腐蚀性介质。由于塑料的传热性较差、热容量小，可不用保温层。玻璃钢管又叫玻璃纤维增强塑料管，它是以玻璃纤维及其制品（玻璃布、玻璃带、玻璃毡）为增强材料，以合成树脂（如环氧树脂、酚醛树脂、呋喃树脂、聚酯树脂等）为黏结剂，经成型加工而成。玻璃钢管质轻、强度高，耐腐蚀、耐高温，电绝缘、隔声、绝热等性能都很优异，为化工厂广泛采用。缺点是热稳性差，不耐压。

⑤ 橡胶管　橡胶管能耐大部分酸碱，但不耐硝酸、有机酸和石油产品。橡胶管只能作为临时性管路及某种管路的挠性连接，如接煤气、抽水等，但不得作永久性的管路。橡胶管在很多地方被塑料管（如聚氯乙烯软管）所代替。

⑥ 衬里管　凡是具有耐腐蚀材料衬里的管子统称为衬里管。

工厂里一般常在碳钢管内衬有铅、铝和不锈钢等，还可衬一些非金属材料，如搪瓷、玻璃、塑料和橡胶等。衬里管可用于输送各种不同的腐蚀性介质，从而节省不锈钢材料。所以衬里管逐渐得到广泛应用。

管子的规格一般用“ϕ外径×壁厚”来表示，例如ϕ32mm×2mm，即该管子外径为32mm，管壁厚度为2mm。在选用管子时，主要考虑管内流动介质的性质、压力、温度及管子的价格这几方面的因素。根据流动介质化学性质来确定管子的材质，主要是考虑不能让流动介质和管子本身起化学反应，以避免影响流动介质的纯度和降低管子的使用寿命，比如酸性介质就不能用铸铁管和普通碳钢管，而一般选用不锈钢管（含氯离子除外）。根据管内流动介质的压力、温度来决定管子的壁厚，压力、温度较高的，管壁也应相对厚一点。选用管子最后还会考虑经济因素，在满足了生产工艺条件后，尽可能地会选用价格较低的管子。

2. 管件

管件是构成管路的重要零件，它起着连接管子、变更方向、接出支路、缩小或扩大管路的管径，以及封闭管路等作用。为了管路安装施工的方便，管件已经和管子一样标准化了，并由专门工厂生产。化工厂常用的管件样式及用途如下文所述。

图3-1为三通管件，在化工管路中起接出支路或一路管道变两

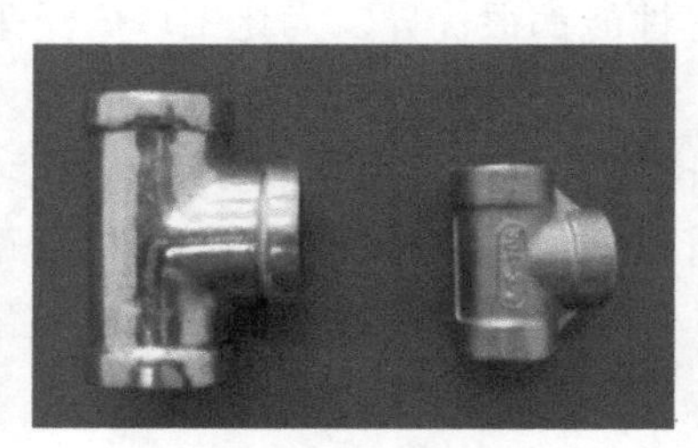

图3-1　三通

路管道的作用。图3-2为弯头管件，在化工管路中起变更方向的作用。图3-3为安装于生产现场的三通和弯头。

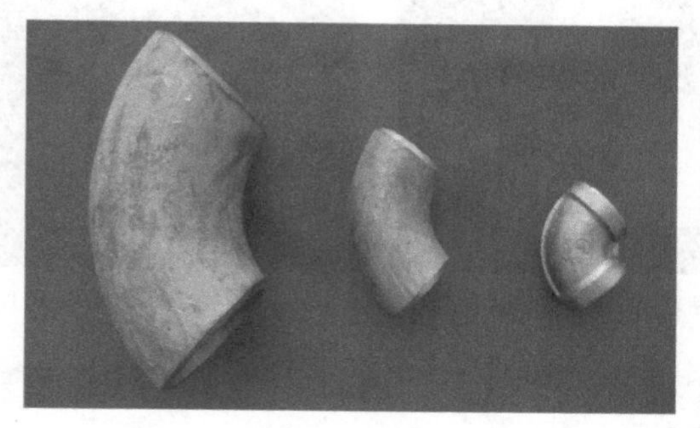

图3-2 弯头

图3-3 生产现场的三通和弯头

图3-4为异径管管件，在化工管路中起缩小或扩大管路管径的作用。

图3-5为闷板和堵头管件，在化工管路中起到封堵接口的作用，也有人叫闷头。图3-6和图3-7为安装于生产现场的堵头和闷板。

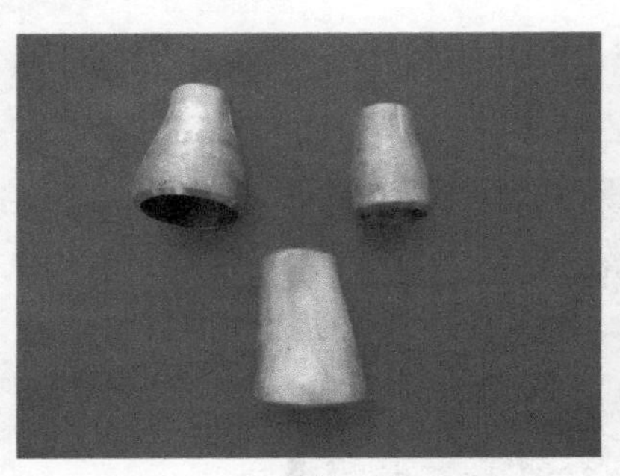

图3-4　异径管（大小头）

图3-5　闷板和堵头

图3-6　生产现场的堵头

图3-7　生产现场的闷板

3. 管路的连接

在化工管路上，管子与管子、管子与阀门、管子与测量仪表以及管子与管件之间需要根据相应的要求有机地连接起来，构成一个完整的流程。常用的连接方式有螺纹连接、法兰连接和焊接连接。这些连接方式各有优缺点，使用的场所也各不一样。

（1）螺纹连接

螺纹连接主要用于口径较小（＜65mm），压力不大（＜10MPa），管子与管子、管子与阀门、管子与测量仪表以及管子与管件之间的连接，如水煤气管、小直径水管、压缩空气管、低压蒸气管管路，螺纹连接处缠绕涂有油漆的麻或聚四氟乙烯薄膜来起到密封的作用。其优点：施工简单、维修方便。缺点是不耐中高压、易泄漏，不太适合在化工管路上使用。

图3-8和图3-9为管子与管子、管子与弯头、管子与阀门通过螺纹方式连接。

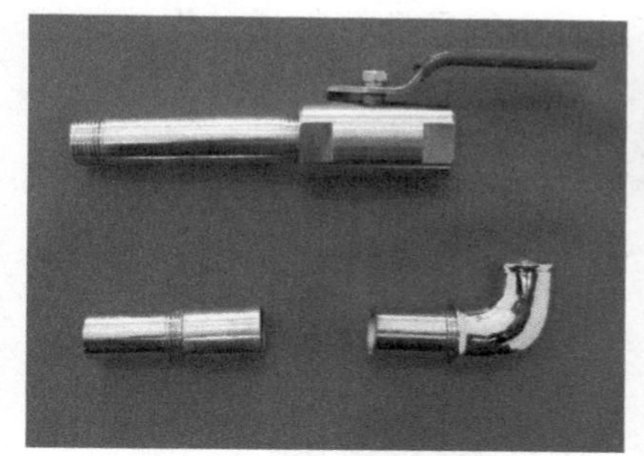

图3-8　螺纹连接方式

图3-9　生产现场的螺纹连接

（2）法兰连接

法兰连接是化工管路中最常用的连接方式，主要用于管子与管子、管子与阀门、管子与测量仪表之间连接，其优点是装卸方便，密封可靠，适用的温度、压力与管径范围大，缺点就是费用较高。图3-10为不同型号的法兰。

图3-11为生产过程中的管路通过法兰方式连接。

图3-10　法兰

图3-11　法兰连接方式

（3）焊接连接

焊接连接是化工管路中常使用的连接方式，主要用于管子与管子、管子与管件之间的连接。这种接管方式的最大优点是方便、便宜、不漏。无论是钢管、有色金属管还是塑料管均可采用这种连接方式，特别适用于高压管路，其缺点是难于拆卸，维修困难。

图3-12和图3-13为化工生产过程中管子和管件通过焊接连接的接管方式。

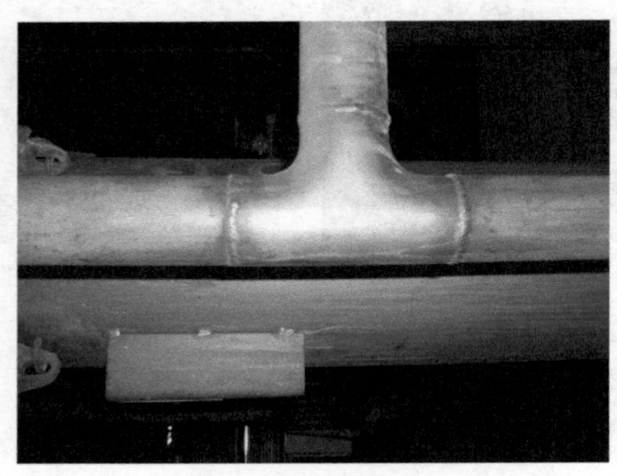

图3-12　三通焊接连接

图3-13　变向焊接连接

（4）卡套连接

卡套接头的工作原理是将钢管插入卡套内，利用卡套螺母锁紧，抵触卡套，切入管子而密封，如图3-14所示。它与钢管连接时不需焊接，有利于防火、防爆和高空作业，并能消除焊接不慎带来的弊端。因而它是炼油、石油、天然气、食品、制药、仪器仪表等系统自控装置管路中的一种较为先进的连接件。适用于油、气、水等介质管路连接。

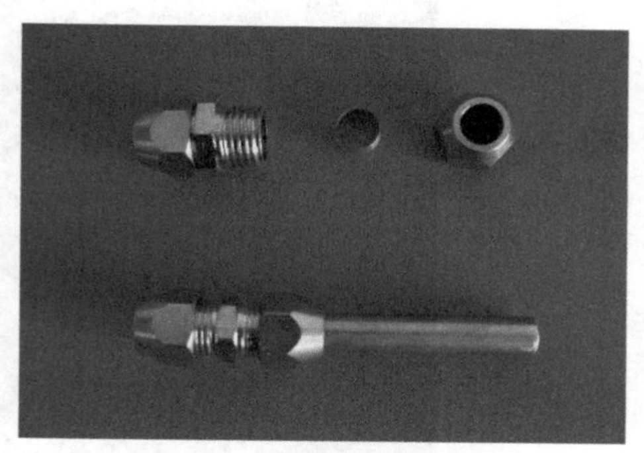

图3-14　卡套接头及组成

（5）卡箍快装连接

卡箍快装连接是近几年来迅猛发展的一种连接方式，主要用于管子与管子、管子与阀门、管子与测量仪表之间连接，其优点是装卸十分方便，密封可靠，常用于食品、医药和精细化工等生产装置。卡箍快装连接由快装接头、密封垫和卡箍组成，见图3-15～图3-18。

图3-15　卡箍快装接头及其组成

图3-16　生产现场的卡箍快装连接的球阀

图3-17 生产现场的卡箍快装连接的盲板

图3-18 生产现场的卡箍快装连接的过滤器

（6）活接对焊连接

活接对焊连接也是近几年来迅猛发展的一种连接方式，主要用于管子与管子、管子与阀门、管子与测量仪表之间连接。其优点是装卸十分方便，密封可靠，常用于食品、医药和精细化工等生产装置。活接对焊连接由对焊接头、密封垫和螺母组成。利用螺纹旋紧的力量，将压力传递给两平面间的垫圈，起到密封作用。见图3-19～图3-24。

图3-19　对焊活接头

图3-20　对焊活接球阀

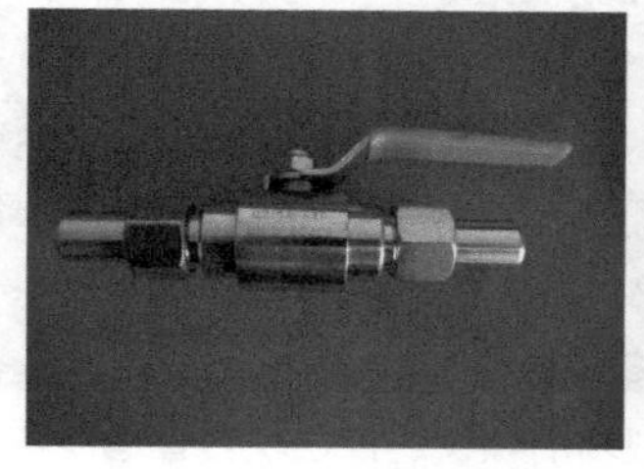

图3-21　塑料对焊球阀

图3-22　生产现场的对焊活接头

图3-23　生产现场的对焊活球阀

图3-24　生产现场的塑料对焊活接球阀

（7）软套管连接

软套管连接就是直接将橡胶管套在管接头上的连接方式。主要用于软管和硬管的连接，特点是连接方便易行，缺点是耐压低，为了提高密封性能，通常会在软管用抱箍收紧的方法来加强连接。见图3-25和图3-26。

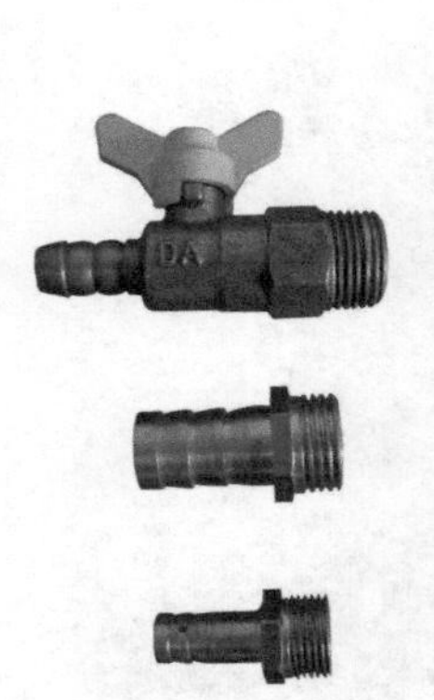

图3-25　软套管接头

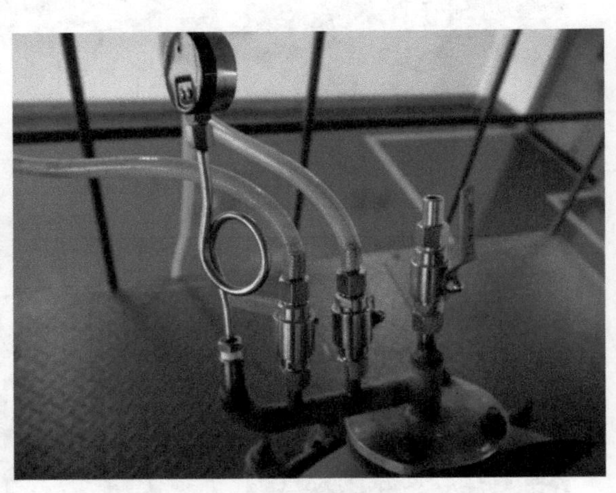

图3-26　生产现场的螺纹连接、软套管连接和活接对焊连接

4. 阀门

阀门是用来开启、关闭和控制化工设备和管路中介质流动的机械装置。在生产过程中，或开停车时，操作人员必须依据工艺条件，对管路中的流体进行适当调节，以控制其压力和流量，使流体进入管路或切断流体流动或改变流动方向，在遇到超压状态时，还可以用它排泄压力，确保生产的安全。化工厂常用的阀门、工作原理及优缺点如下。

化工厂常用的阀门有蝶阀、截止阀、闸阀等，通过阀门的开度可以进行流量的调节。在化工生产过程中还有一类阀是由系统中某些参数的变化而自动启闭的阀门，它包括止回阀、安全阀、减压阀及疏水阀等。

止回阀又称止逆阀或单向阀，是一种利用阀前阀后的压力差而自动启闭的阀门。它的作用是使介质只能作一定方向的流动，阻止流体反方向流动。止回阀多安装在泵的入口、出口管路上，以及不允许流体反方向流动的管路上。

安全阀是一种安全保险的截断装置，是根据介质工作压力而自动启闭的阀门。安全阀多用于蒸汽锅炉和高压设备。

减压阀的作用是降低设备和管道内介质的压力，使之成为生产所需的压力。它是依靠介质本身的能量，使出口的压力自动保持稳定。

疏水阀的作用是能自动地间歇地排除蒸汽管道内、加热器、散热器等蒸汽设备系统中的冷凝水，又能防止蒸汽泄出，故又称凝液排除器、阻气排水阀。

下面是化工厂常用的一些阀门样式（图片）、工作原理及主要特点。

（1）旋塞阀

旋塞阀是用带通孔的塞体作为启闭件，通过塞体与阀杆的转动实现启闭动作的阀门。其工作原理如图3-27所示，图3-28是它的外形结构。

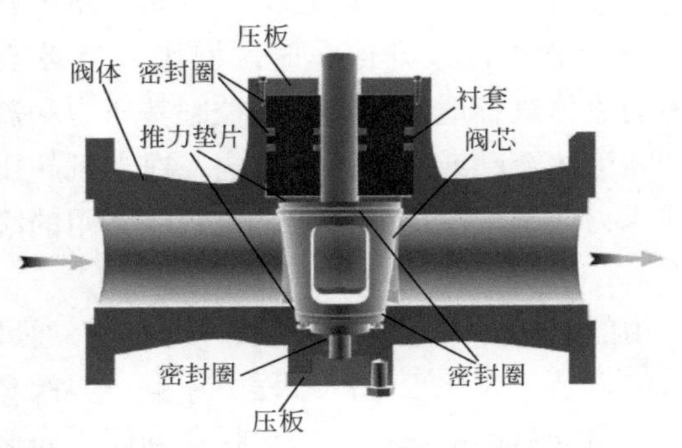

图3-27　旋塞阀的工作原理

图3-28　旋塞阀外形结构

旋塞阀具有结构简单，安装尺寸较小，启闭迅速，操作方便，可以三通和四通式结构做换向用，流动阻力小，可以输送带有悬浮物甚至结晶体的物料的优点。缺点有制造精度要求高，密封面易磨损，不适用于高温、高压物料的输送，开关费力。旋塞阀主要适用于输送含有悬浮物和颗粒的液体，直通式旋塞阀配合保温措施后可以输送含结晶体的物料。

常识：

红色的化工管路为水蒸气管

（2）球阀

球阀是用带有圆形通道的球体作启闭件，球体随阀杆转动实现启闭动作的阀门。球阀的启闭件是一个有孔的球体，绕垂直于通道的轴线旋转，从而达到启闭通道的目的。图3-29球阀的工作原理图。

图3-29　球阀的工作原理

图3-30～图3-33为不同启动方式的球阀。

图3-30　球阀

图3-31　电动球阀（1）

图3-32　电动球阀（2）

图3-33　气动球阀

图3-34～图3-36为安装于生产现场的不同类型球阀。

球阀主要有启闭迅速、轻便、流体阻力小、结构简单、相对体积小、重量轻、便于维修、密封性能好、无振动、噪声小、不受安装方向的限制和介质的流向可任意等优点。球阀适用于各种管路上，用于截断或接通管路中的介质，选用不同材质球阀，可分别适用于水、蒸汽、油品、液化气、天然气、煤气、硝酸、醋酸、氧化

图3-34　生产现场的手动球阀（1）

常识：

深蓝色的化工管路为压缩空气管路

图3-35 生产现场的手动球阀（2）

图3-36 生产现场的气动球阀

性介质、尿素等多种介质，广泛应用于化工、石油、天然气、冶金等行业。

（3）截止阀

截止阀的启闭件是塞形的阀瓣，密封面呈平面或锥面，阀瓣沿流体的中心线作直线运动，图3-37为截止阀的工作原理图。阀杆的运动形式，有升降杆式（阀杆升降，手轮不升降），如图3-38所示；也有升降旋转杆式（手轮与阀杆一起旋转升降，螺母设在阀体上），如图3-39所示。

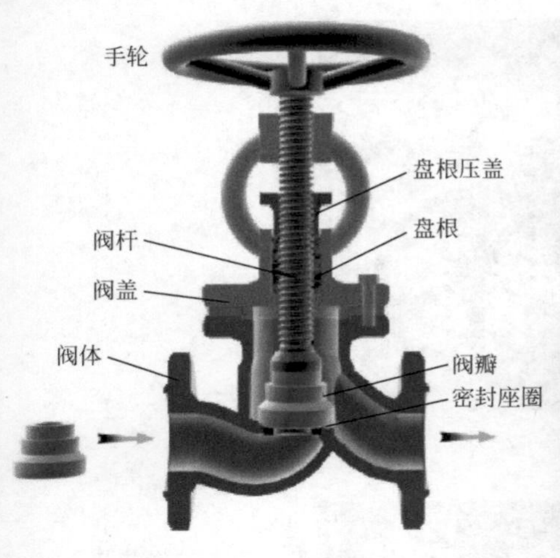

图3-37 截止阀的工作原理

图3-38 截止阀（阀杆升降，手轮不升降）

图3-39 截止阀（手轮与阀杆一起旋转升降）

图3-40为自动调节的截止阀，通过输入信号，该阀门可以自动调节阀门开度，确保流量稳定。

图3-41中的五只阀门均为截止阀，上面的一只为自动调节截止阀，下面的四只为手动调节截止阀。

常识：

天蓝色的化工管路为氧气管路

图3-40　自动调节截止阀

图3-41　生产现场的手动截止阀和自动调节截止阀

截止阀的优点有结构简单，制造和维修比较方便，工作行程小，启闭时间短，密封性好，密封面间的摩擦力小，寿命较长等。截止阀的缺点有流体阻力大，开启和关闭时所需力较大，不适用于带颗粒、黏度较大、易结焦的介质。截止阀的安装具有方向性，通常是低进高出。

（4）闸阀

闸阀的启闭件是闸板，闸板的运动方向与流体方向相垂直，闸阀只能作全开和全关，不能作调节和节流。闸板有两个密封面，最常用的模式闸板阀的两个密封面形成楔形，楔形角随阀门的参数而异。楔形闸阀的闸板可以做成一个整体，叫做刚性闸板；也可以做成能产生微量变形的闸板，以改善其工艺性，弥补密封面角度在加工过程中产生的偏差，这种闸板叫做弹性闸板。闸阀关闭时，密封面可以只依靠介质压力来密封，即依靠介质压力将闸板的密封面压向另一侧的阀座来保证密封面的密封，这就是自密封。平板闸阀的工作原理如图3-42所示。

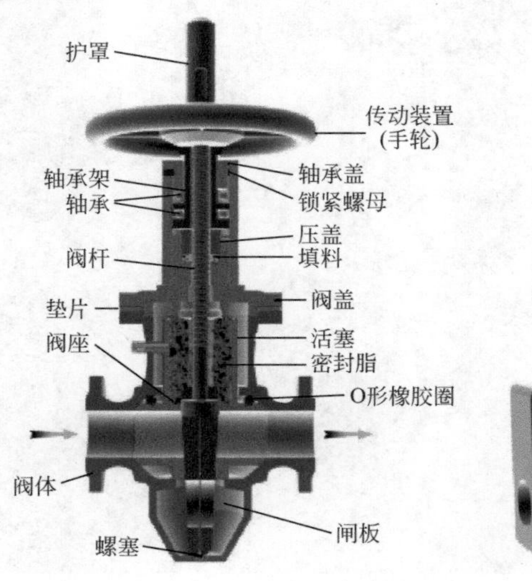

图3-42　平板闸阀的工作原理

图3-43和图3-44为手动闸阀和自动闸阀的外形结构。

图3-43　手动闸阀

图3-44　自动闸阀

图3-45和图3-46为安装于生产现场的平板闸阀。

图3-45　生产现场的闸阀

图3-46　生产现场的气动调节闸阀

闸阀具有流体阻力小、密封面受介质的冲刷和侵蚀小、开闭省力、介质流向不受限制、不扰流、不降低压力、形体简单、结构长度短、制造工艺性好、适用范围广等优点。闸阀的缺点有：密封面之间易引起冲蚀和擦伤、维修比较困难、外形尺寸较大，开启需要一定的空间，开闭时间长、结构较复杂等。

（5）蝶阀

蝶阀的启闭件是一个圆盘形的蝶板，在阀体内绕其自身的轴线旋转，从而达到启闭或调节的目的。图3-47为蝶阀的工作原理图。

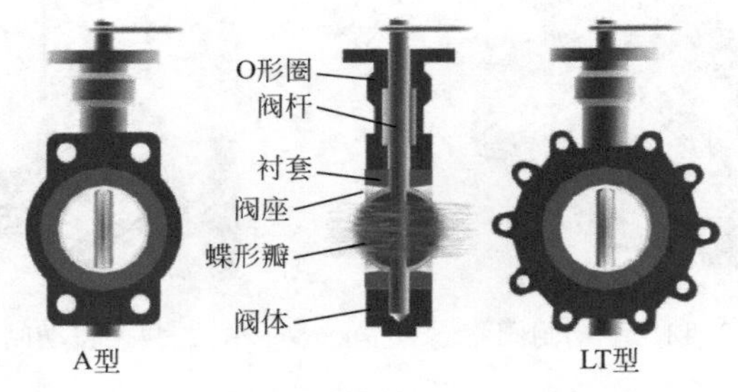

图3-47　蝶阀的工作原理

图3-48　蝶阀

图3-48为常用手动蝶阀的外形，图3-49和图3-50为安装于生产现场的蝶阀。蝶阀有结构简单、体积小、重量轻、材料耗用少、安装尺寸小、开关迅速、90°往复回转、驱动力矩小等特点，用于截断、接通、调节管路中的介质，具有良好的流体控制特性和关闭密封性能。蝶阀处于完全开启位置时，蝶板厚度是介质流经阀体时唯一的阻力，因此通过该阀门所产生的压力降很小，故具有较好的流量控制特性。蝶阀有弹性密封和金属密封两种密封形式。弹性密封阀门，

常识：

黑色的化工管路为氮气管路

图3-49 生产现场的蝶阀

图3-50 生产现场的电动控制蝶阀

密封圈可以镶嵌在阀体上或附在蝶板周边。

（6）止回阀

止回阀是指依靠介质本身流动而自动开、闭阀瓣，用来防止介质倒流的阀门，又称逆止阀、单向阀、逆流阀和背压阀。止回阀主要可分为旋启式止回阀（依重心旋转）与升降式止回阀（沿轴线移动）。图3-51为止回阀的工作原理图。

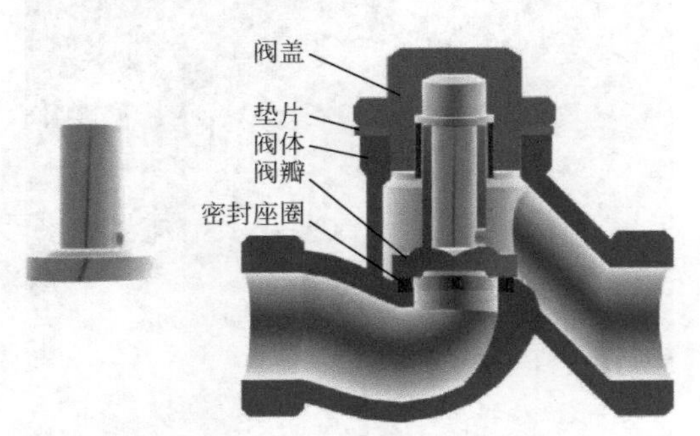

图3-51　止回阀的工作原理

图3-52和图3-53为常用的两种升降式止回阀的外形。图3-54是安装于生产现场的升降式止回阀。

止回阀属于一种自动阀门，通常安装在输送泵的出口处，其主要作用是防止介质倒流、防止泵及驱动电动机反转，以及容器介质的泄放。止回阀还可用于给其中的压力可能升至超过系统压的辅助系统提供补给的管路上。

图3-52　升降式止回阀（1）

常识：

绿色的化工管路为给、排水管路

图3-53 升降式止回阀（2）

图3-54 生产现场的升降式止回阀

（7）安全阀

安全阀是一种自动阀门，它的作用是保证带压设备不至于因超压而损坏。当压力超过起跳压力时，阀门就自动开启，排除部分气体使压力复原后，阀门就自动关闭。安全阀的工作原理如图3-55所示。

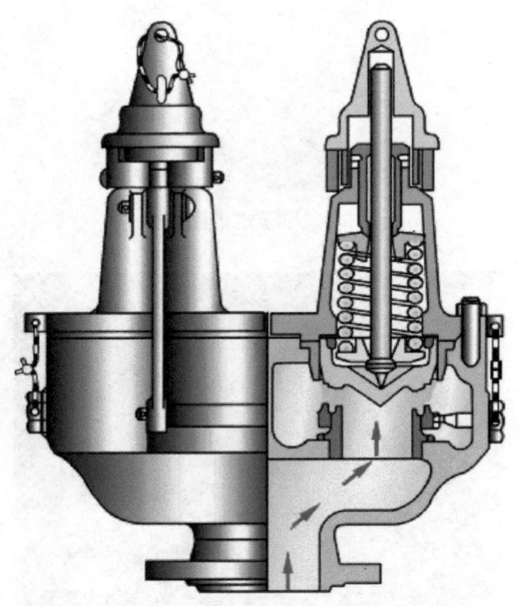

图3-55　安全阀的工作原理

图3-56～图3-58为不同连接方式安全阀的外形。图3-59为安装于生产现场的安全阀。

（8）减压阀

减压阀是通过启闭件的节流，将进口压力减至某一需要的出口压力，并使出口压力保持稳定。但进出口压差必须≥0.2MPa。减压阀是气动调节阀的一个必备配件，它的主要作用是将气源的压力减压并稳定到一个定值，以便于调节阀能够获得稳定的气源动力用于

常识：

紫色的化工管路为燃气管路

图 3-56 弹簧全启式安全阀

图3-57 弹簧微启式安全阀

图3-58　螺纹连接的弹簧式安全阀

图3-59　生产现场的安全阀

常识：

橙黄色的化工管路为消防水管路

调节控制。图3-60为减压阀的工作原理。

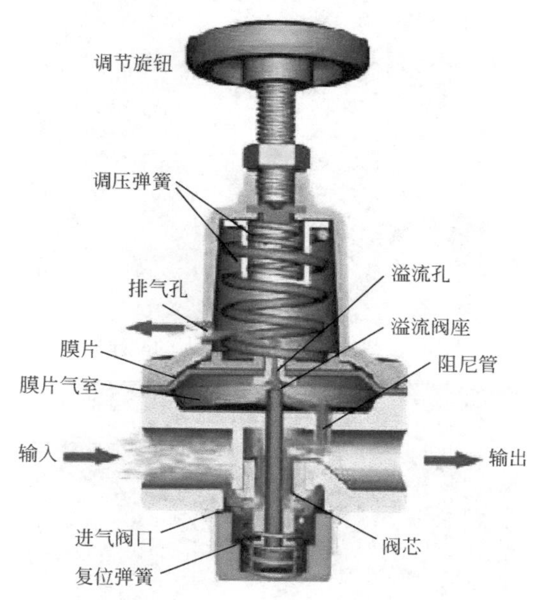

图3-60 减压阀的工作原理图

直动式减压阀（带溢流阀）

图3-61为直通式减压阀的外形，图3-62是安装在氢气钢瓶上的减压阀，图3-63是安装于生产现场的减压阀和截止阀。

图3-61 直通式减压阀

（9）疏水阀

疏水阀在蒸汽加热系统中起到阻汽排水作用，疏水阀其主要功能是自动排除蒸汽设备或管道中产生的冷凝水、空气及其他不可凝结性气体，同时又防止蒸汽泄漏。

工业生产过程中凡是使用水蒸

图3-62　安装于氢气钢瓶上的减压阀

图3-63　生产现场的减压阀和截止阀

气场所都要安装疏水阀。换热过程利用的是水蒸气的相变热，而相变产生的冷凝水必须要及时排出，确保传热面积不变。疏水阀通常又称为疏水器或阻气排水阀。

图3-64和图3-65为蒸汽疏水阀的外形。图3-66为安装于生产现场的蒸汽疏水阀，从图中可以看出疏水阀的两端装有球阀，旁路上也装有球阀，疏水阀两端的球阀是维修更换疏水阀时启用的，以防止蒸汽泄漏；旁路球阀是直接排水时启用的，通常是在疏水阀排水不畅时启用。

提醒：

分析取样要站在上风口

图3-64 自由浮球式疏水阀

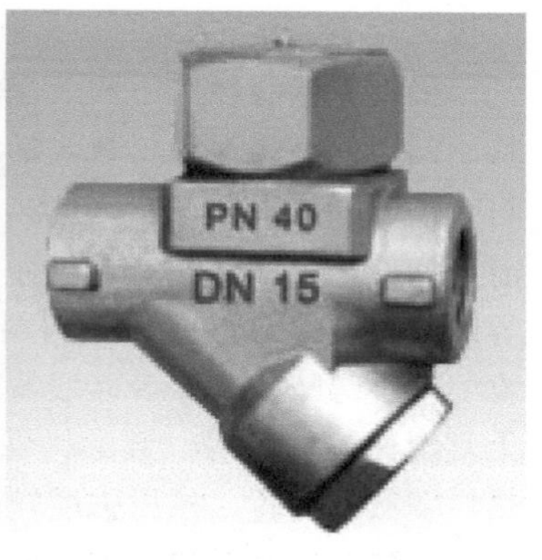

图3-65 圆盘式蒸汽疏水阀

图3-66 生产现场的蒸汽疏水阀

5. 化工管路的保温与涂色

（1）化工管路保温

对化工管路进行保温不仅可以减少由于设备、管路表面的散热或吸热而引起能量损耗，并可以维持生产所需要的高温或低温，而且可以改善操作条件，确保安全生产。化工生产有时会需要在高温（＞1000℃）或低温（＜-100℃）下进行，如不对经过的管路、设备进行保温，极易烫伤或冻伤操作人员，而且会引起能量的极大浪费。

根据保温温度的不同，保温材料有高温保温材料和低温保温材料。常用的高温保温材料包括泡沫岩棉保温材料、复合硅酸盐保温材料和硅酸钙保温材料。泡沫岩棉保温材料也具有密度小、保温性能好和施工方便等特点，但存在泡沫棉容易受潮、浸于水中易溶解等缺点。复合硅酸盐保温材料具有可塑性强、热导率低、耐高温、收缩率小等特点。复合硅酸盐保温材料主要有硅酸镁、硅镁铝、稀土复合保温材料等。硅酸钙保温材料的特点是密度小、耐热度高，热导率低，抗折、抗压强度较高，收缩率小。常用的低温保温材料有聚氨酯发泡材料和聚苯乙烯发泡材料。

化工管路的保温施工分两步：先在管子上包保温材料，高温保温用岩棉纤维及混合材料等，低温材料聚苯乙烯发泡材料；然后在保温材料的外面再包一层装饰材料，装饰材料有不锈钢薄板、铝板、彩钢板及玻璃钢板等，可根据实际情况选用。

（2）化工管路涂色

在化工厂及化工生产车间，管路交错，密如蛛网，为了使操作者区别各种类型的管路，通常会在管路的保护层或保温层表面上涂上不同的颜色。管路的涂色方法有两种：一是单色，另一种是在底色上添加色圈（通常每隔2m有一色圈，其宽度为50 ～ 100mm）。

常用化工管路涂色如下表所示。

管路类型	底　色	色　圈	管路类型	底　色	色　圈
过热蒸汽管	红		酸液管	红	
饱和蒸汽管	红	黄	碱液管	粉红	
真空管	白		油液管	棕	
压缩空气管	深蓝		给水管	绿	
氧气管	天蓝		排水管	绿	红
氨气管	黄		纯水管	绿	白
氮气管	黑		凝结水管	绿	蓝
燃料气管	紫色		消防水管	橙黄	

提醒：
毒气泄漏不能顺风跑

管路的涂色亦可根据各厂的具体情况自行调整或补充。

特别注意：有些化工厂特别是比较老的企业，会有一些管路可能是废弃不用的，还有一些可能是通到别处的，因此在认识流程时必须从关键设备出发，沿着管路走到关键设备，循环往复，直到最后一台关键设备。千万不能在半路当中开始，除非你已确认该管路中物料的性质及它的走向，否则将误入歧途，到最后还得从头再来。

三、化工测量仪表

测量显示仪表是对化工生产过程中的压力、流量、温度、液位等进行测量显示的工具，通过仪表测量的数值可以显示化工生产过程进展情况。它也像日常生活中的路标、路牌，随时告诉人们道路前方的去向、距离等，便于人们正确地到达目的地。在认识化工生产工艺流程时也可以利用测量显示仪表功能帮助认识流程。例如，可以通过管路中两个压力表显示的数值来判断管内物料的走向，利用流量计也可直接了解管内物料走向及流量的大小；利用液位计数值的变化可以明白该容器进出料情况；借助温度测量仪表可推断能量传递的方向。因此，巧妙地借助测量仪表也能够方便认识流程，而且在不能确定设备功能、管路走向时还必须依靠测量仪表来识别、验证。化工厂常用的一些测量仪表简介如下。

1. 温度测量仪表

温度是化工生产过程中最普遍又最重要的操作参数，特别是化学反应的进行及物料的提纯都与温度有直接的关系，因此温度的测量与控制是保证化工生产实现稳定、高产、安全、优质和低消耗的关键。温度测量的常用仪表见图3-67～图3-70。

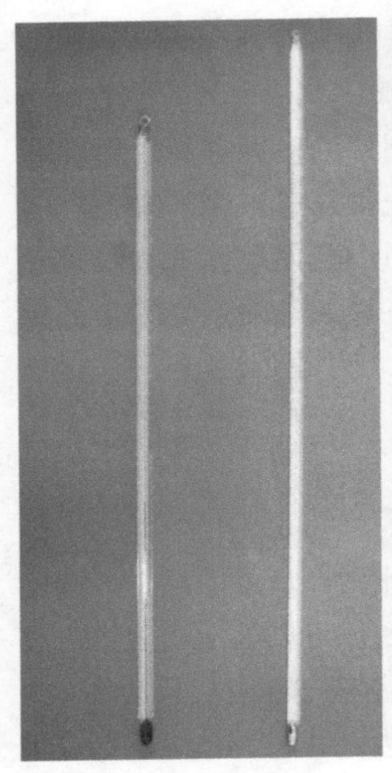

图3-67　玻璃温度计

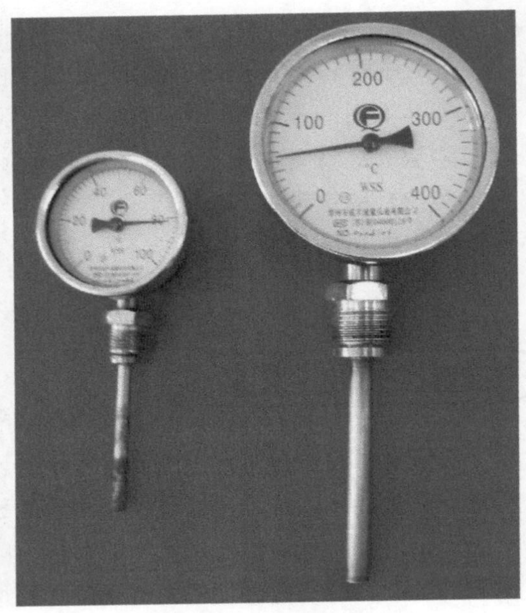

图3-68　双金属温度计

图3-69　电子温度计

提醒：

毒气泄漏要憋住呼吸顶风跑或侧风跑

图3-70 生产现场的温度计

2. 压力测量仪表

在化工生产过程中，压力通常会改变化学平衡，影响反应速率，也可以改变物质的物理性质，改变产品的质量等，因此对化工生产过程中压力进行测量也是非常重要的。生产过程中常用的压力测量仪表如图3-71和图3-72所示，安装在现场的压力传感器见图3-73。

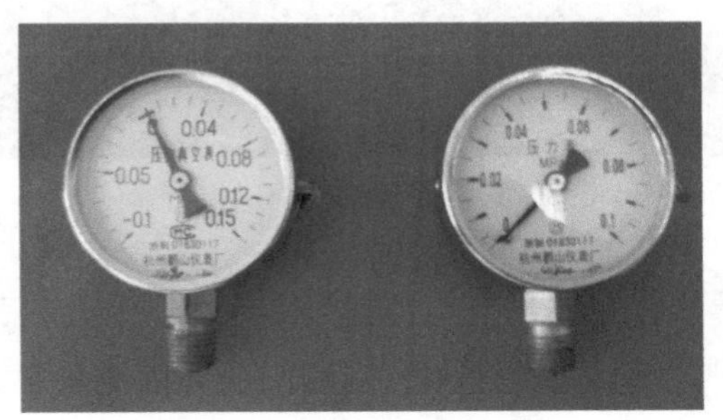

图3-71 压力表和真空表

图3-72 生产现场的压力表

图3-73 生产现场的压力传感器

3. 液位测量仪表

化工生产过程中通常把气-液相间的界面测量称之液位测量。常用的液位测量仪表见图3-74～图3-77。

提醒：

氯气泄漏要用湿毛巾或衣服遮住嘴、鼻和眼

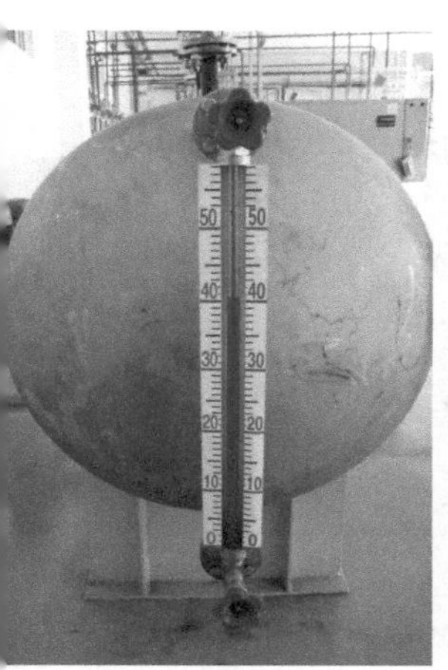

图3-74 生产现场的玻璃管液位计

图3-75 生产现场的平板玻璃液位计

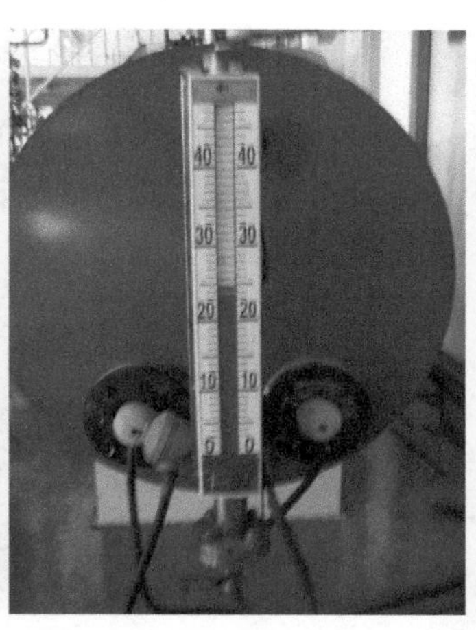

图3-76 生产现场的磁性翻板液位计

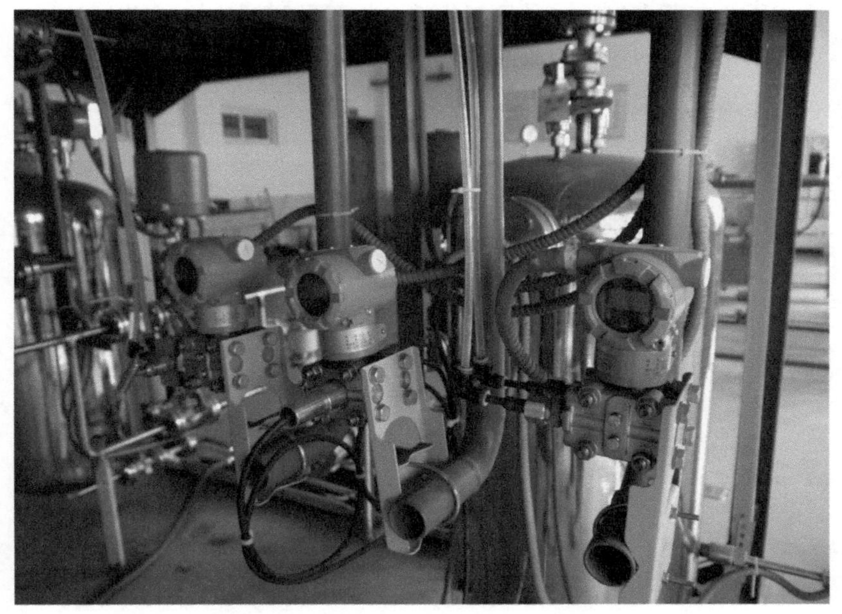

图3-77 生产现场的差压液位传感器

4. 流量测量仪表

流量是指单位时间内通过管道某一截面的流体量，化工生产过程中通常用流量来计量参与化学反应的各种物料的量，用来测量流体流量的仪表称为流量计，生产过程中常用的流量计见图3-78～图3-85。

需要说明的是：上面所展示的测量仪表都是现场显示仪表，这些仪表对认识流程又很有帮助，而在实际生产过程中，很多数据都是通过测量变送器后再传输到集中控制室，如温度是通过热电偶、热电阻测量变送，压力通过压力变送器测量输送，液位通过差压变送器测量输送，在生产现场只能看到这些测量变送器，而具体数据要到控制室才能看到。

事实上，将关键设备、管路及测量仪表确定为构成化工生产工艺流程的三要素也是一种理想化的分析问题和解决问题的方法，寻求认识化工生产工艺流程的切入点才是目的，也是对建立认识化工生产工艺流程的方法和步骤提供理论上的支持。

图3-78　玻璃转子流量计

提醒：

进入容器、设备内，必须先进行置换和通风

图3-79　生产现场的玻璃转子流量计

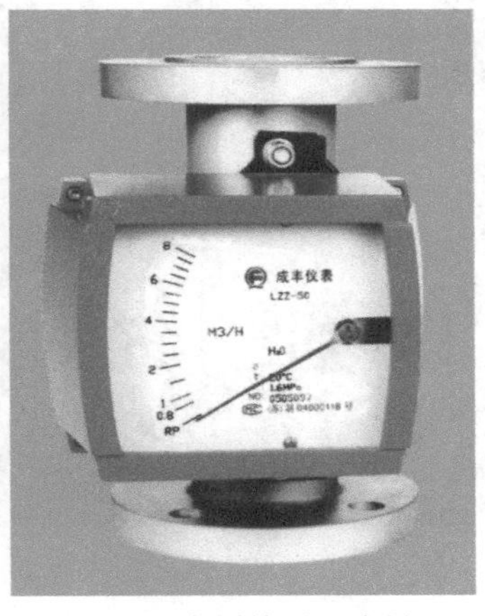

图3-80　金属管浮子流量计

图3-81　生产现场的金属管浮子流量计

图3-82　涡街流量计

图3-83　生产现场的涡街流量计

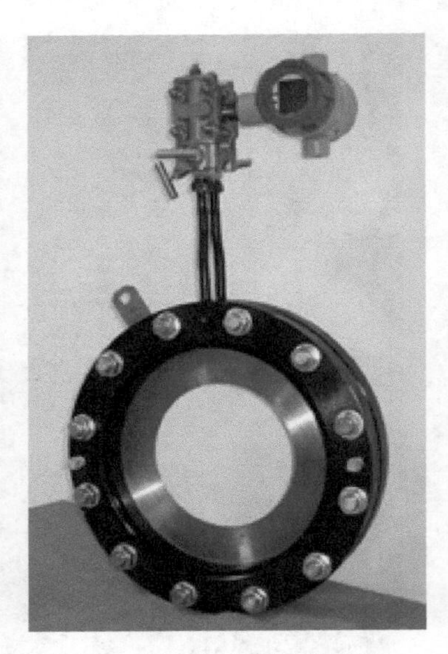

图3-84　电子孔板流量计

图3-85　生产现场的孔板流量计

提醒：

进入容器、设备内，必须有人在容器外监护，并坚守岗位

第四章 认识化工生产工艺流程的方法

认识化工生产工艺流程的切入口在哪里？如何全面认识化工生产工艺流程？在对化工生产工艺流程构成有了初步了解后，可从以下几方面来认识化工生产工艺流程。

一、认识准备

由于在化工生产过程所使用的原料和得到的产品绝大多数是有毒、易燃易爆危险品，生产条件也比较苛刻。因此当我们来到化工厂后，不论是实习还是生产，首先要做的是弄清该生产过程中使用的原料和得到产品的名称、物理性质和化学性质等相关信息，掌握这些信息对正确认识流程、应对突发情况是极其重要的。这就好比我们外出旅行一样，在出门之前要了解你所要到达目的地的情况（气温、气压等天气状况）、交通工具、行程过程天气状况等相关信息，这些基本信息直接关系到旅行能否顺利进行。气温的变化决定了随身衣服的增减，交通工具决定了行程的时间及你需要携带多少资金、干粮等物质条件等。因此，采集基本信息是非常重要的，也是非常必要的。

1. 常规准备

认识化工生产工艺流程是在化工生产现场完成的，由于化工生产的特殊性和复杂性，在认识化工生产工艺流程的过程中必须做好下面几方面的准备工作。

（1）操作防护装备

由于化工生产的特殊性和复杂性，在进入生产现场之前要穿好工作服、戴安全帽，要穿不带铁钉的鞋子以防止鞋底和地面摩擦而产生火花引起火灾。

（2）安全意识

来到化工生产车间认识流程首先要把安全问题放在心上，除了遵循常规安全规则外，还应尽可能做到一看天，二看地，三要注意身边的“动”设备。一看天，是要注意头顶上方的管线、阀门等设备，在认识流程时要避开它们，以免自身受到伤害；二看地，化工生产车间很多是由钢制平台构成的，由于化工产品的腐蚀性，在平台上行走和上下楼梯，要特别小心，以防踏空跌落；三要注意身边的“动”设备，化工生产过程中有很多动设备在运行，如输送泵、搅拌釜等，在认识流程时千万不要忽视这些设备的存在，以防受到不必要的伤害。

（3）协作精神

在认识化工生产工艺流程过程中要虚心向工程技术人员请教，以免多走弯路，同伴之间要多沟通，要有协作精神，这样也会达到事半功倍的效果。

（4）遵章守纪

来到工厂车间认识流程一定要遵守工厂车间的各项规章制度，我们来到工厂车间的目的是为了认识化工生产工艺流程，而不是生产操作，生产装置上的所有阀门、按钮、控制开关等设备都不要去碰，以免影响生产的稳定操作。

2. 基本信息的采集

（1）原料、产品信息的采集

原料和产品是指在化工生产过程中所使用的主、辅材料和通过生产得到主、副产品。它们的相关信息主要包含物料的名称、物理

提醒：
进入容器、设备内，必须佩戴规定的防护用具

性质和化学性质。

物料的名称 通常可根据实习任务书或生产计划书来采集物料的名称。要注意的是：化工生产过程中所用的化工原料和生产得到产品种类很多，有的生产过程会达到几十种，而实习任务书或生产计划书一般只列了一些主要原料和主产品，而一些辅助原料和副产物的名称需依据生产原理来采集。

物料的物理性质 物料的物理性质主要是指物料的气味、熔点、沸点、爆炸极限等相关数据。根据物料的名称通过数据手册可轻松得到这些信息。这些信息可以帮助我们在实习或生产过程中遇到突发情况时及时寻找应对措施。

物料的化学性质 物料的化学性质是指物料的毒性、活泼性、氧化性、还原性、酸碱性、腐蚀性等性质。同样，通过物料的名称查阅相关书籍也可得到这些信息。掌握了这些性质对我们进行安全实习和安全生产有很大的帮助。如果物料是有毒的物质，在实习或生产过程中就应采用防毒措施；如果物料是具有氧化性的物质，就要注意不要让它们接触还原性物质，以避免强烈的化学反应而引起事故。

（2）生产设备及操作方式信息的采集

生产设备的信息主要是指化工生产过程中所使用设备的名称、型号等相关信息。操作方式信息是指各化工单元操作所选用方式的信息，例如传热单元，它的操作信息主要是指传热介质、传热方式等信息。有了这些信息，对帮助我们认识流程有很大的帮助。事实上，认识化工生产设备、了解操作方式也是认识化工生产工艺流程的主要任务之一，如何采集生产设备及操作方式信息，将在后面的章节里详细介绍。

（3）化学反应信息的采集

化学反应信息是指在化工生产过程中所发生的化学变化的相关信息。我们知道化工生产最主要的任务就是将相应的物料控制在一定的条件下，让其发生化学变化，从而得到我们所需要的物质，它是化工生产最关键的部分。

化学反应信息主要包括：化工生产过程中发生了哪些化学反应（用化学反应方程式来表示），化学反应的类型是化合反应还是裂解反应，是吸热反应还是放热反应等。掌握这些化学反应信息在认识化工生产工艺流程中也是极其重要的，对确保安全实习和安全生产也是非常必要的。比如，生产过程中发生的是化合反应，就有可能是放热反应，那就要注意反应温度的变化，特别是温度的升高。温度升高太快，反应速率也会提高，放出的热量也越多，如不及时移走热量或降低投料量，就有发生爆炸的危险。

（4）基本信息的采集方法

采集基本信息主要通过这样几个途径。

① 工厂技术人员的介绍　工厂技术人员对生产过程是非常熟悉的，来到工厂实习要认真听取工厂技术人员的介绍，不懂的要虚心向他们请教。

② 专业书籍的查阅

总之，认识的准备和基本信息的采集，是进行认识化工生产工艺流程的前期工作，做好了这项工作对认识流程有非常大的帮助，对确保安全生产和实习起决定性的作用，磨刀不误砍柴工，兵马未动粮草先行就是说的这个道理。

二、关键设备的查找和识别

在化工生产过程中起主导、决定性作用的设备即关键设备。通常情况下将化工生产过程中使用的泵、换热器、反应器、蒸馏釜、精馏塔、吸收塔等设备确定为关键设备。如何查找和识别这些设备呢？最简单的方法就是依据安装在设备上的铭牌或设备的外形来查找这些设备。

铭牌　装在机器、设备、仪表等上面的金属牌子。上面标有名称、型号、性能、规格及出厂日期、制造者等字样。正规厂家生产出来的设备上都会安装有铭牌。设备的铭牌上面的信息非常丰富，有设备的名称、规格、生产厂家等信息，因此，在识别设备时，应先去查找铭牌，然后再通过设备外形等信息加以确认。图4-1～图4-4是常见的一些设备铭牌式样。

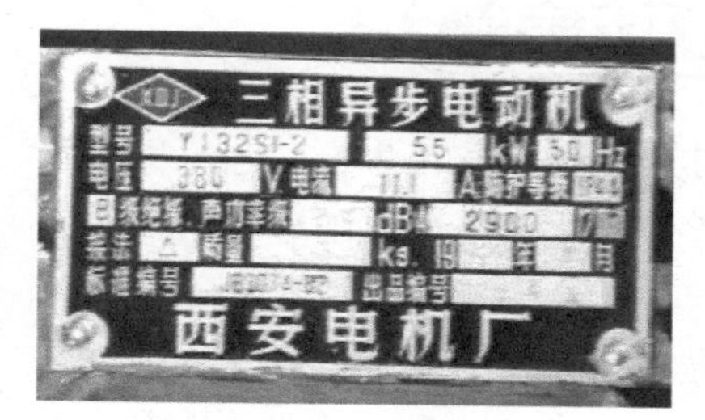

图4-1 铭牌1

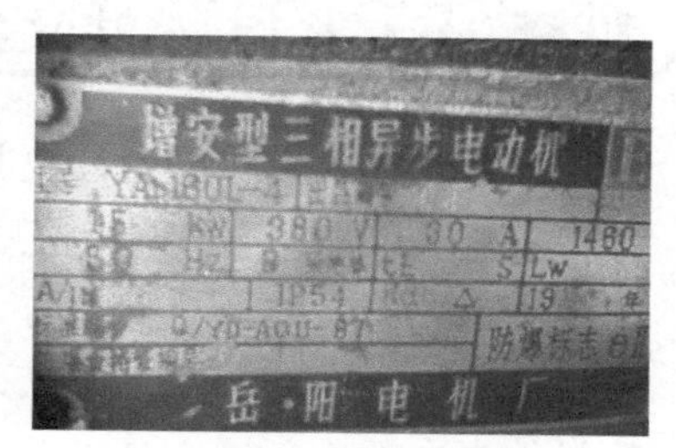

图4-2 铭牌2

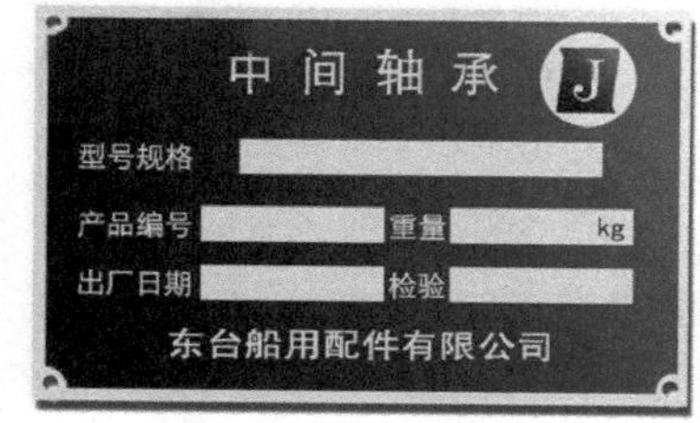

图4-3 铭牌3

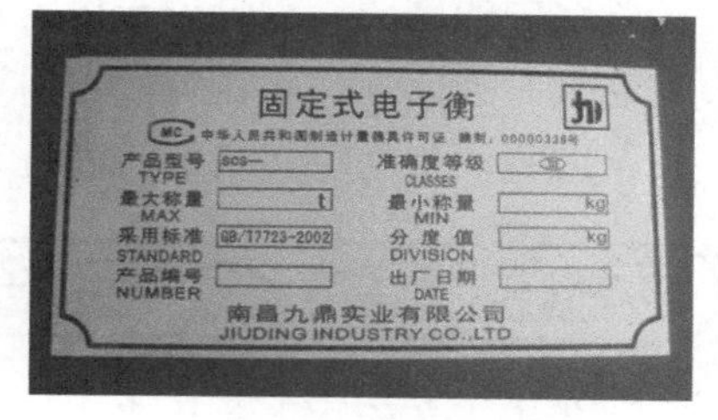

图4-4 铭牌4

设备的外形，将在后面的章节中用图片形式展示出来，以帮助我们来认识设备。

注意：任何化工生产过程中都有反应器这个关键设备存在，而其他关键设备则不一定都同时存在。因此，在查找和识别设备时绝对不能忽视这样一个关键设备。

三、流程的分解

为了便于对化工生产工艺流程的认识，依据关键设备将该生产工艺流程分解成若干个小的、单元式的工艺流程，有几个关键设备就可以分成几个小的工艺流程。一个化工产品的生产工艺流程通常可分解为物料的计量、输送、传热、化学反应、精馏、吸收、过滤、干燥、包装等单元式的工艺流程。

四、确定管路中物料的名称及其走向

了解管路中物料的名称及其走向是认识化工生产工艺流程的主要任务之一。一个合格的化工生产工作者是能随时随地说出任何管路中的物料的名称及其走向的。

管路中物料的名称主要以采集的基本信息来加以确定。管路中物料的走向的判断通常是以关键设备为起点，沿着管路的走向，借助管路中的阀门、测量仪表确定管路中物料的走向。例如截止阀的安装具有方向性、输送泵的出口通常安装压力表，利用这些信息可以帮助我们来确定管路中的物料走向。

五、绘制单元式化工工艺流程图

化工工艺流程图是用来表达一个化工厂或化工生产车间工艺流程与相关设备、辅助装置、仪表与控制要求的基本概况，可供化学工程、化工工艺等各专业技术人员使用与参考，是化工企业工程技术人员和管理技术人员使用最多、最频繁的一类图纸，也是即将成为化工生产技术人员的学习者了解化工生产过程的最简单、最直接的工具。所以，在我们认识了化工生产工艺流程后就必须要绘制出化工工艺流程图，它是认识、研究化工生产工艺流程的主要成果。

六、流程的组合并绘制工艺流程总图

依据所了解知识和掌握的信息将已经认识的若干个单元式工艺

流程合理地组合在一起，对该化工生产工艺流程进行全面的了解和认识，最后画出完整的化工生产工艺流程图。

总之，要认识化工生产工艺流程，必须先采集相关的基本信息，然后根据设备铭牌和设备外形来查找关键设备，依靠相应的管路及所用测量仪表，将整个流程由大化小、各个击破。最后再由小成大、从片面到全面，彻底认识该生产工艺流程。

特别说明：以上建立的认识化工生产工艺流程的方法和步骤是针对初学者而言的，对掌握了一些化工知识的人在认识流程时，也不一定非得依照这些方法和步骤，可从生产的原料储罐开始，沿着管路一路摸索下去，一直到产品的出料、包装，这样做会简单、快捷许多。

第五章　物料输送工艺流程的认识方法

化工生产过程中所处理的原料及产品都必须按照生产工艺的要求，在制造产品时往往把它们依次输送到各设备内进行化学反应或物理变化；制成的产品又常需要输送到储罐内储存，这些生产过程就需要物料输送技术来完成。我们把通过输送设备将物料从一个设备或一个工段输送到另一个设备或工段的工艺流程称之为物料输送工艺流程。物料输送在化工生产过程中是最基本的操作单元，是联系各操作单元的纽带，是化工生产不可缺少的过程。对它的工艺流程认识相对来说是比较简单，但却是非常重要的，如果对它的流程搞错了，那就会差之毫厘失之千里。

一、基本信息的采集

1. 输送介质信息的采集

输送介质的信息主要包括输送介质的名称、性质（物理性质和化学性质）和输送介质的状态。

2. 输送方式信息的采集

物料的状态、性质以及生产工艺要求的不同，化工生产过程中物料的输送方式也有很多种形式。

① 气体物料的输送方式　压缩输送和吸收输送。压缩输送根据输送的终压不同，所用的输送机械也不一样。

通风机：终压不大于0.1atm（表压，1atm＝101325Pa）。

鼓风机：终压为0.1～2.0atm（表压）。

压缩机：终压在2atm（表压以上）。

吸收输送所用机械为真空泵。

② 液体物料输送方式　泵输送、压缩输送和真空输送，所用输送机械为各种类型的输送泵、压缩机和真空泵。

③ 固体物料的输送方式　带式输送、斗式输送、螺旋输送、气力输送等，相应的输送机械为带式输送机、斗式输送机、螺旋输送机和鼓风机。

二、确定关键设备

在物料输送工艺流程中不论采用什么样的输送方式，都应该将输送设备确定为关键设备，当然输送设备类型可能是多种多样的。如果输送介质是液体，输送设备就是泵，泵的类型也是多样的，既可以是离心泵、容积式泵，也可以是真空泵等，那么就将这些泵确定为关键设备；如果输送介质是气体，输送设备就是通风机、鼓风机、压缩机、真空泵等，那就将通风机、鼓风机、压缩机、真空泵确定为关键设备。

如何发现关键设备呢？通常的方法是利用设备上的铭牌来寻找输送设备，如有些设备没有铭牌也可依靠所学知识，根据设备外形来确认。下面将化工生产过程中常用的一些输送机械的类型、外形和工作原理作简单的介绍，以便读者更好地认识物料输送过程。

1. 离心泵

离心泵是利用高速旋转的叶轮产生的离心力来输送液体的机械泵。离心泵的工作原理如图5-1所示。

图5-2为离心泵的外形样式，图5-3为安装于生产现场的离心

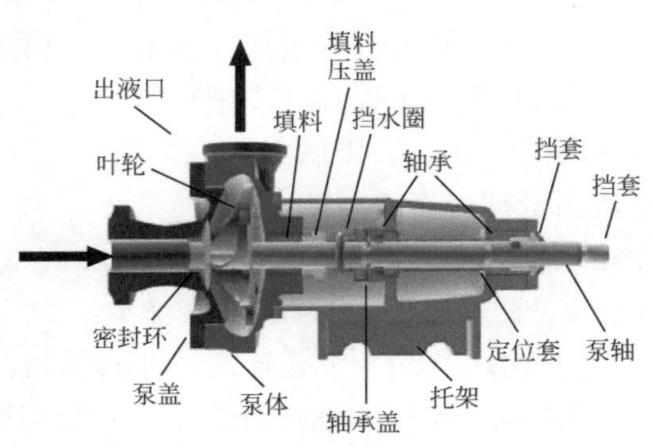

图5-1　离心泵的工作原理

图5-2　单级离心泵

图5-3　生产现场的离心泵

提醒：

在有酸、碱物质泄漏的岗位，须穿防酸、碱工作鞋

泵，图5-4为卧式多级离心泵，图5-5为安装于生产现场的多级卧式离心泵，图5-6为立式多级离心泵的内部结构图，图5-7为安装于生产现场的立式多级离心泵。

离心泵在化工生产中被大量采用，与其他类型的泵相比，离心泵具有转速高、流量大易调节（可通过调节泵的出口阀门来控制流体的流量）、可靠性强、维修费用低等优点，其缺点是离心泵不具有自吸作用，在启动前一定要在吸入管及叶轮中充满液体，另外，离心泵不适用于黏度高的流体。

图5-4　卧式多级离心泵

图5-5　生产现场的多级卧式离心泵

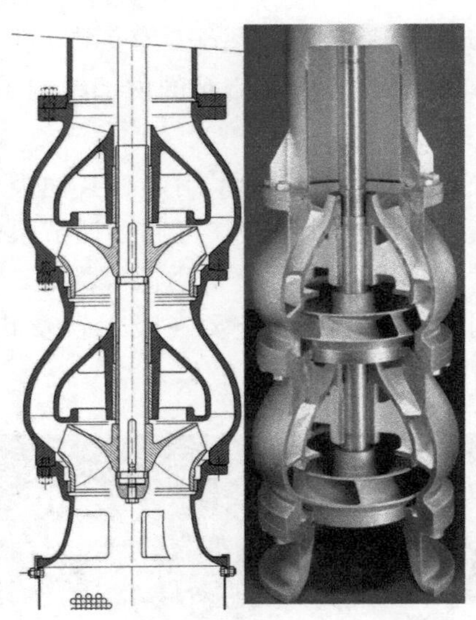

图5-6 立式多级离心泵的内部结构图

图5-7 生产现场的立式多级离心泵

2. 旋涡泵

旋涡泵是靠旋转叶轮对液体的作用力，在液体运动方向上给液体冲量来传递动能以实现输送液体的设备。叶轮为一等厚圆盘，在它外缘的两侧有很多径向小叶片。在与叶片相应部位的泵壳上有一等截面的环形流道，整个流道被一个隔舌分成为吸、排两方，分别与泵的吸、排管路相连。泵内液体随叶轮一起回转时产生一定的离心力，向外甩入泵壳中的环形流道，并在流道形状的限制下被迫回流，重新自叶片根部进入后面的另一叶道。液体能连续多次进入叶片之间获取能量，直到最后从排出口排出。旋涡泵的工作原理如图5-8所示。图5-9为旋涡泵的外形样式。

图5-10为安装于生产现场的旋涡泵，从图中可以看出，由于旋涡泵是一种容积式泵，因此在泵的出口装有安全阀和旁路调节阀用来保护旋涡泵。

旋涡泵是结构最简单的高扬程泵，大多数都具有自吸能力，有些旋涡泵还能输送气液混合物，旋涡泵也可以用来输送汽油等易挥发的物料。旋涡泵不适合输送高黏度的物料，而且旋涡泵的效率较低，一般只适用于小功率泵。

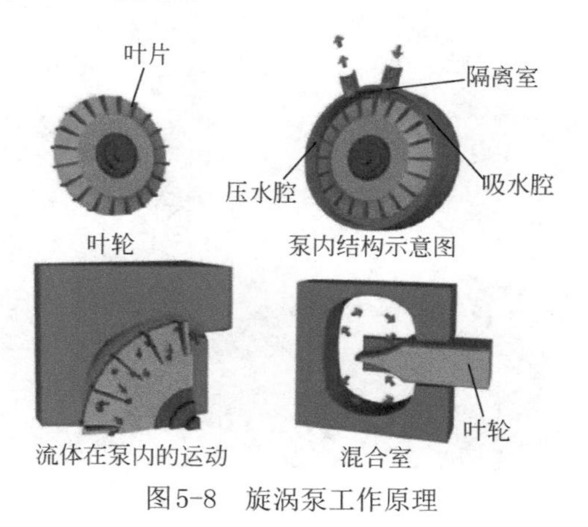

图5-8　旋涡泵工作原理

图5-9　旋涡泵

图5-10　生产现场的旋涡泵

提醒：
在转动轴旁工作，绝不允许带防护手套

3. 齿轮泵

齿轮泵是依靠泵缸与啮合齿轮间所形成的工作容积变化和移动来输送液体或使之增压的回转泵。齿轮泵是容积泵的一种，由两个齿轮、泵体与前后盖组成两个封闭空间，当齿轮转动时，齿轮脱开侧的空间的体积从小变大，形成真空，将液体吸入，齿轮啮合侧的空间的体积从大变小，而将液体挤入管路中去。吸入腔与排出腔是靠两个齿轮的啮合线来隔开的。齿轮泵的工作原理如图5-11所示。

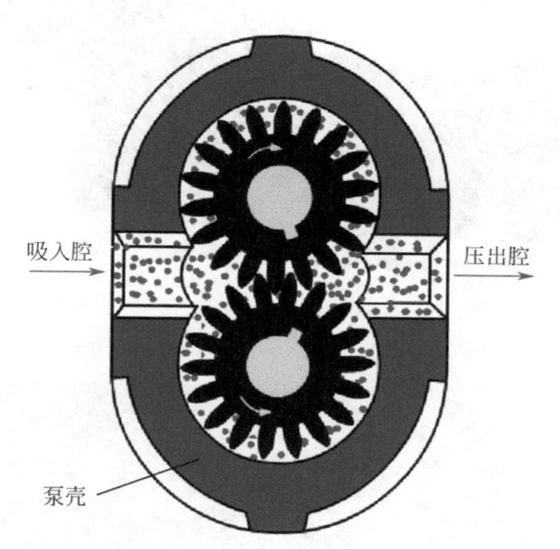

图5-11　齿轮泵的工作原理

图5-12为齿轮泵的外形结构。图5-13为安装于生产现场的齿轮泵。齿轮泵是最典型的容积式泵，它的输送流量基本上与排出口压力无关。齿轮泵流量均匀，尺寸小而轻便，结构简单紧凑，坚固耐用，维护保养方便，扬程高而流量小，适用于输送黏稠液体以至膏状物，如润滑油、燃烧油，可作润滑油泵、燃油泵、输油泵和液压传动装置中的液压泵。齿轮泵不宜输送黏度低的液体，不能输送含

有固体粒子的悬浮液，以防齿轮磨损影响泵的寿命。由于齿轮泵的流量和压力脉动较大以及噪声较大，而且加工工艺较高，不易获得精确的配合。

图5-12　齿轮泵

图5-13　生产现场的齿轮泵

提醒：

在有尘毒存在的地方，须戴尘毒防护器具

4. 气动隔膜泵

气动隔膜泵是一种新型输送机械。以压缩空气为动力，在泵的两个对称工作腔中，各装有一块有弹性的隔膜，连杆将两块隔膜结成一体，压缩空气从泵的进气接头进入配气阀后，推动两个工作腔内的隔膜，驱使连杆连接的两块隔膜同步运动。与此同时，另一工作腔中的气体则从隔膜的背后排出泵外。一旦到达行程终点，配气机构则自动地将压缩空气引入另一个工作腔，推动隔膜朝相反方向运动，这样就形成了两个隔膜的同步往复运动。每个工作腔中设置有两个单向球阀，隔膜的往复运动，造成工作腔内容积的改变，迫使两个单向球阀交替地开启和关闭，从而将液体连续地吸入和排出。工作原理如图5-14所示，红色数字1、2、3、4代表单向球阀。图5-15为气动隔腊泵外形结构，图5-16为安装于生产现场的隔膜泵。

隔膜泵的特点：采用压缩空气做动力不会产生电火花，安全。泵不会过热，可以通过含颗粒液体，对物料的剪切力极低，适用于不稳定物质的输送，可以在物料出口处加装节流阀来调节流量，具有自吸的功能，可以空运行，无泄漏，体积小、重量轻、维修简便。作为新型泵可广泛使用在化工生产过程中。

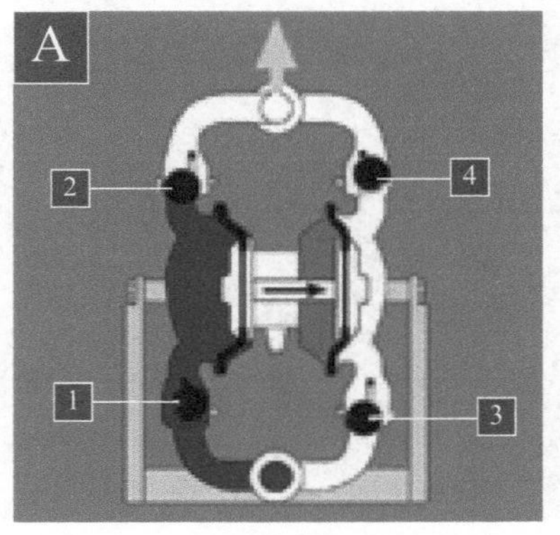

图5-14 气动隔膜泵的工作原理

图5-15　气动隔膜泵

图5-16　生产现场的隔膜泵

5. 单螺杆泵

单螺杆泵是按回转齿合容积式原理工作的新型泵种，主要工作部件是偏心螺杆（转子）和固定的衬套（定子）。当转子在定子型腔内绕定子的轴线作行星回转时，转、定子之间形成的密闭腕就沿转子螺线产生位移，因此就将介质连续地、均速地、而且容积恒定地从吸入口送到压出端。单螺杆泵的工作原理如图5-17所示。图5-18为螺杆泵的外形结构。图5-19为安装于生产现场的螺杆泵。

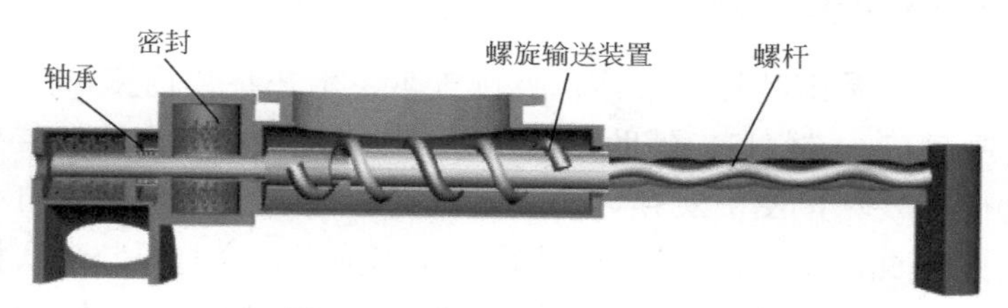

图5-17 单螺杆泵的工作原理

图5-18 螺杆泵

图5-19 生产现场的螺杆泵

螺杆泵是一种容积式回转泵。特点：压力和流量稳定，脉动很小，螺杆越长，则扬程越高；相互啮合的螺杆磨损甚少，泵的使用寿命长；泵的噪声和振动极小，可在高速下运转；结构简单紧凑、拆装方便、体积小、重量轻。适用于输送不含固体颗粒的润滑性液体，可作为一般润滑油泵、输油泵、燃油泵、胶液输送泵和液压传动装置中的供压泵。为了避免螺杆泵损坏，一般会在螺杆泵出口处安装旁通溢流阀，用以稳定出口压力，保持泵的正常运转。

6. 水环真空泵

水环泵是由叶轮、泵体、吸排气盘、水在泵体内壁形成的水环、吸气口、排气口、辅助排气阀等组成。叶轮被偏心地安装在泵体中，当叶轮按图5-20所示方向旋转时，进入水环泵泵体的水被叶轮抛向四周，由于离心力的作用，水形成了一个与泵腔形状相似的等厚度的封闭的水环。水环的上部分内表面恰好与叶轮轮毂相切，水环的下部内表面刚好与叶片顶端接触（实际上叶片在水环内

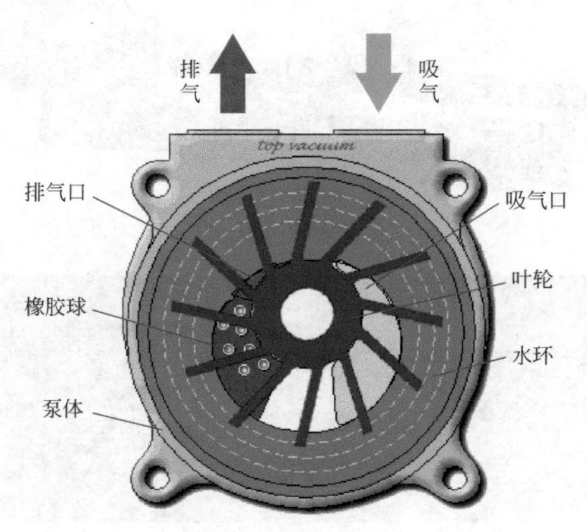

图5-20 水环真空泵的工作原理

有一定的插入深度）。此时叶轮轮毂与水环之间形成一个月牙形空间，而这一空间又被叶轮分成叶片数目相等的若干个小腔。如果以叶轮的上部0°为起点，那么叶轮在旋转前180°时小腔的容积由小变大，且与端面上的吸气口相通，此时气体被吸入，当吸气终了时小腔则与吸气口隔绝；当叶轮继续旋转时，小腔由大变小，使气体被压缩；当小腔与排气口相通时，气体便被排出泵外。图5-20为水环真空泵的工作原理图。

图5-21和图5-22为水环真空泵的外形结构和安装于生产现场的水环真空泵。在工业生产的许多工艺过程中，如真空过滤、真空引水、真空送料、真空蒸发、真空浓缩、真空回潮和真空脱气等，水环式真空泵均得到广泛的应用。

优点：结构简单，制造精度要求不高，容易加工；结构紧凑，泵的转数较高，一般可与电动机直联，无须减速装置，故用小的结构尺寸，可以获得大的排气量，占地面积也小；由于泵腔内没有金属摩擦表面，无须对泵内进行润滑，而且磨损很小；转动件和固定件之间的密封可直接由水封来完成；吸气均匀，工作平稳可靠，操作简单，维修方便。

缺点：水环真空泵的效率较低，极限真空度也不太高。

图5-21 水环真空泵

图5-22　生产现场的水环真空泵

7. 喷射真空泵

喷射真空泵是利用文丘里效应的压力降产生的高速射流把气体输送到出口的一种动量传输泵。它分为水喷射真空泵、蒸汽喷射真空泵、汽水串联喷射真空泵、汽水组合喷射真空泵。喷射真空泵以其真空度范围广，可以直接抽吸水蒸气等可凝性气体和带有颗粒状的介质，结构简单，操作方便，无运转部件维修量小，节能降耗等优点而越来越广泛地应用在化工操作的各工艺中。

图5-23为四级蒸汽喷射真空装置，极限真空可达到20Pa左右。水喷射真空泵的设备组成如图5-24所示，其工作原理是：循环水箱中的水经循环水泵做功后产生一定的压力、流速，具有一定压力、流速的水进入水喷射器的集水室，经孔板上的多个拉瓦尔喷嘴

常识：

电石着火不能用水扑救

喷射，形成的高速射流使喷射器的混合室产生真空，被抽介质在真空作用下进入喷射器混合室，在混合室中与高速水流充分混合和经文丘里管降速、增压后排出到循环水箱中，不凝性气体析出，可凝性气体从水箱溢流口溢出，如此反复做功。

图5-23　四级蒸汽喷射真空装置

图5-24　水喷射真空泵

水喷射真空泵的优点是低位整机形式，比水环真空泵的真空度高，代替W式往复真空泵可以取消前置冷凝器，节省一次性设备投资和运行费用。

8. 活塞式压缩机

当活塞式压缩机的曲轴旋转时，通过连杆的传动，活塞便做往复运动，由汽缸内壁、汽缸盖和活塞顶面所构成的工作容积则会发生周期性变化。活塞式压缩机的活塞从汽缸盖处开始运动时，汽缸内的工作容积逐渐增大，这时，气体即沿着进气管，推开进气阀而进入汽缸，直到工作容积变到最大时为止，进气阀关闭；活塞式压缩机的活塞反向运动时，汽缸内工作容积缩小，气体压力升高，当汽缸内压力达到并略高于排气压力时，排气阀打开，气体排出汽缸，直到活塞运动到极限位置为止，排气阀关闭。当活塞式压缩机的活塞再次反向运动时，上述过程重复出现。总之，活塞式压缩机的曲轴旋转一周，活塞往复一次，汽缸内相继实现进气、压缩、排气的过程，即完成一个工作循环。图5-25为活塞压缩机的工作原理图。图5-26为活塞式压缩机的外形结构。

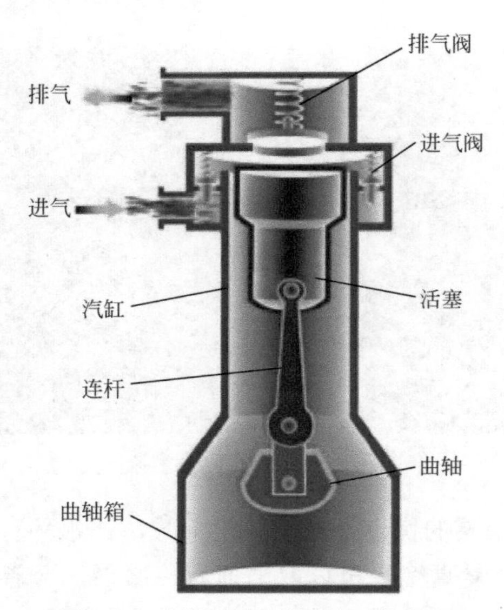

图5-25 活塞式压缩机的工作原理

图5-26 活塞式压缩机

活塞式压缩机具有装置系统比较简单，适用压力范围广，单位耗电量少，可维修性强等优点。活塞式压缩机在各种场合，特别是在中小制冷范围内，成为应用最广、生产批量最大的一种机型。

9. 罗茨鼓风机

罗茨鼓风机是利用两个叶形转子在汽缸内做相对运动来压缩和输送气体的回转压缩机。这种压缩机靠转子轴端的同步齿轮使两转子保持啮合。转子上每一凹入的曲面部分与汽缸内壁组成工作容积，在转子回转过程中从吸气口带走气体，当移到排气口附近与排气口相连通的瞬时，因有较高压力的气体回流，这时工作容积中的压力突然升高，然后将气体输送到排气通道。罗茨鼓风机的工作原理如图5-27所示。图5-28和图5-29分别为罗茨鼓风机的外形结构和安装于生产现场的罗茨鼓风机。

罗茨鼓风机结构简单，制造方便，适用于低压力场合的气体输送和加压，也可用作真空泵。

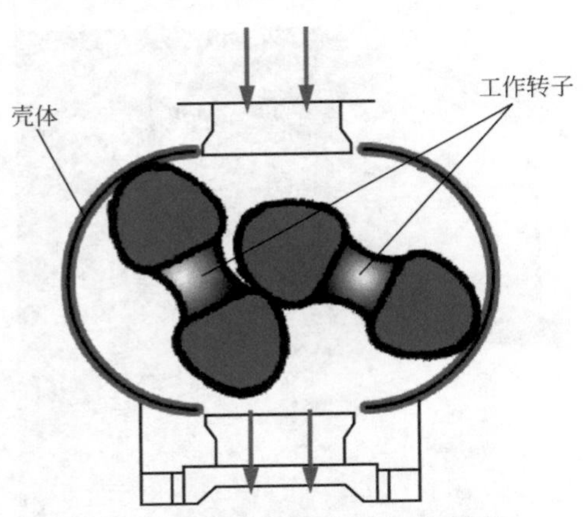

图5-27　罗茨鼓风机的工作原理

图5-28　罗茨鼓风机

图5-29　生产现场的罗茨鼓风机

常识：

储存大量浓硫酸、浓硝酸的场所着火，不能用水扑救

10. 离心式风机

离心式风机设备组成如图5-30所示，主要由叶轮和机壳构成，机壳的叶轮安装于由原动机拖动的转轴上。当叶轮随轴旋转时，叶片间的气体也随叶轮旋转而获得离心力，并使气体从叶片之间的开口处甩出。被甩出的气体挤入机壳，于是机壳内的气体压强增高，最后被导向出风口。气体被甩出以后，叶轮中心部分的压强降低。外界气体就能从风机的吸入口通过叶轮前盘的孔口吸入，源源不断地输送气体。

图5-30 离心式风机

图5-31为安装于生产现场的离心式风机。离心式风机可用于一般工厂及大建筑物的室内通风换气，既可用作输入气体，也可用作输出气体。

11. 输送机

输送机运用输送带的连续或间歇运动来输送各种轻重不同的固体物料，既可输送各种散料，也可输送各种纸箱、包装袋等单件重量不大的件货，用途广泛。图5-32为安装于生产现场的输送机。

图5-31　生产现场的离心式风机

图5-32　生产现场的输送机

12. 升降机

升降机是将物料提升到操作平台的机械。在化工生产过程中，很多时候需要将物料运送到较高的操作平台上去进行投料等操作，常用的机械为升降机，升降机的种类也很多，图5-33是其中较简易的一种升降机。

常识：

带电设备着火不能用水扑救

图5-33 升降机

总之，不同的物料，不同的条件下，所采用的输送方式和输送机械都是不一样的，但其输送基本原理是一样的，即通过输送机械给它动力才能完成的。

三、确定管路中物料的走向

管路（和输送泵相连的管路）中物料的走向可以通过这样几种方法来判断。

① 根据电动机旋转方向来判断，通常情况下，物料的走向和电动机旋转的切线方向是一致的。泵在不工作时可依据转动轴上转

向的箭头来确认。

② 根据输送泵进出口的压力表的读数来判断，压力读数高的为物料出口，压力读数低的为物料进口。有时，工厂里只在泵的出口安装压力表，因此在只有一只压力表情况下，没安装压力表是物料进口，安装压力表为物料出口。

③ 根据所学知识，利用管路上的辅助设施来判断。如在输送泵的进口会安装一只过滤器，离心泵出口会安装一只止回阀，容积式输送泵的出口安装泄压阀或安全阀且采用旁路调节来控制流量等。

④ 真空输送和压缩输送也是利用压力表和真空表来判断。

四、确定管路中的辅助设备

从泵的进口沿着管路反方向走（相对于管内的物料走向），可找到储槽、储罐等设备，接着再从泵的出口沿着管路正向走（也是相对于管内的物料走向），同样可找到储槽、储罐、反应釜、反应塔、精馏等设备。

图5-34为化工生产过程中最为典型的离心泵物料输送系统，

图5-34 离心泵物料输送系统

忠告：

在搬运盛有可燃气体或易燃液体的金属容器时，不要抛掷

从图片中可以看出，物料先通过进料阀（球阀）、视镜，然后分成两路，分别通过球阀、过滤器、球阀，再进入离心泵，最后通过球阀两路合成一路将物料输送到指定的设备中。需要掌握的两台离心泵其中一台是备用泵，过滤器的作用是将物料中可能存在的固体物过滤下来以保护离心泵，过滤器前、后的球阀是在维护过滤器或更换过滤器的滤芯时启用。

图5-35～图5-37为化工生产现场不同类型的储罐设备。

图5-35 储罐（1）

图5-36 储罐（2）

图5-37 储罐（3）

五、绘制工艺流程图

图5-38是化工生产过程中常见流体输送方式工艺流程图。

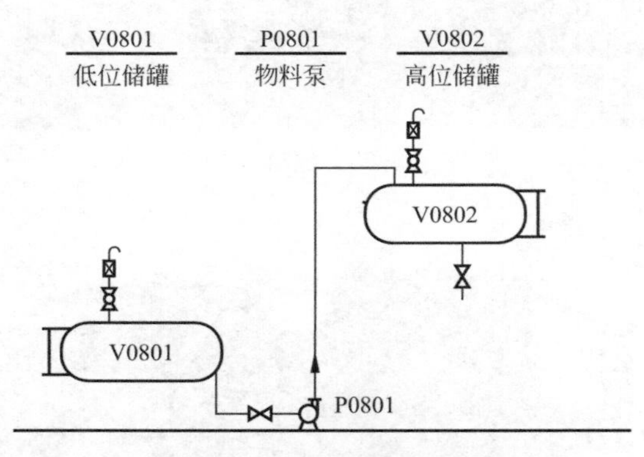

图5-38 工艺流程图（1）

图5-38所示为最常见的液体输送的方式，在常压下通过输送泵将液体从一个储罐输送到另一个储罐，输送泵型号应根据流体性质、流量及扬程来定。

忠告：
进入车间不要随便开启阀门、按钮

图5-39所示为在承压系统中通过输送泵将液体从一个储罐输送到另一个储罐的工艺流程。应当注意的在非常压系统中，储罐等设备之间输送物料会有一根管（压力平衡管）将它们连起来，以保持系统中各设备之间压力一致，确保输送设备正常运转。

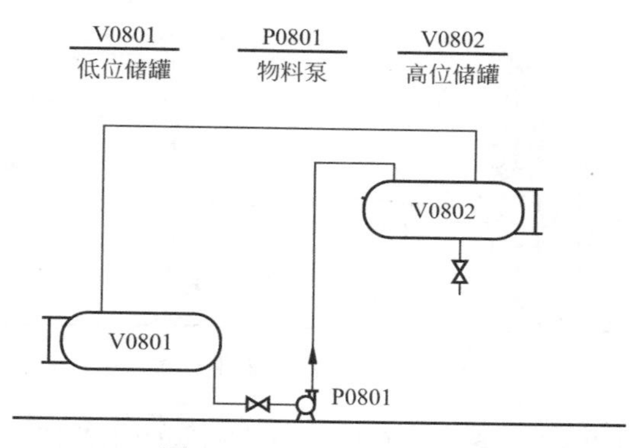

图5-39　工艺流程图（2）

图5-40所示是通过减压的方式将物料从低位储罐输送到高位储罐的工艺流程。易燃易爆腐蚀性强的物料常采用这种输送方式。

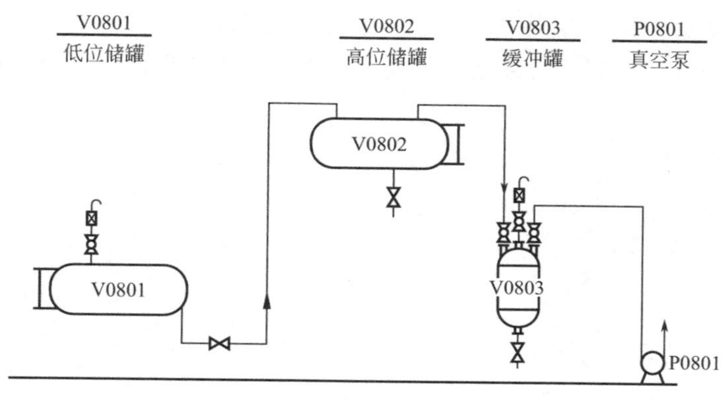

图5-40　工艺流程图（3）

图5-41是通过压缩机将低位储罐中的液体输送到高位储罐的工艺流程。

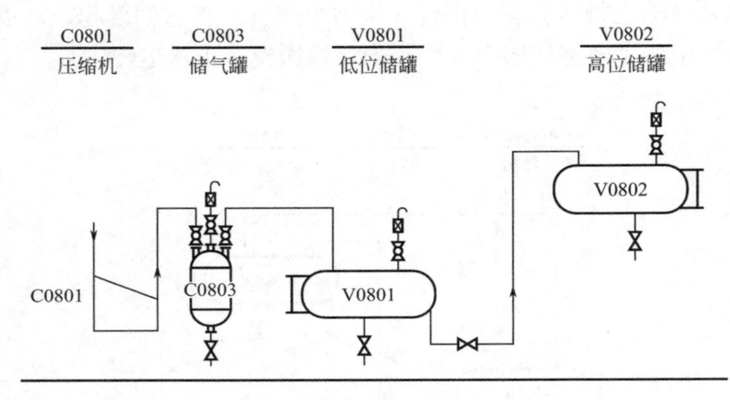

图5-41　工艺流程图（4）

需要着重指出的是：上面几种液体输送的工艺流程都将物料从一个储罐输送到另一储罐，即储罐之间的输送，而在实际生产过程中不仅仅只有这些，还有储罐和反应设备、储罐和分离设备、反应设备和反应设备、分离设备和分离设备、反应设备和分离设备等之间液体物料的输送，但其输送原理都是一样的。

在实际生产过程中，一个工艺流程里可能会有多种形式的输送方式结合在一起，看起来非常繁乱，但只要根据前面制定方法很快就能弄清流程。

第六章 传热工艺流程的认识方法

传热工艺流程是指将两种温度不同的介质通过换热器或直接进行热量交换进行温度调节各项工序安排的程序。传热在化工生产过程中是一个非常重要的操作单元，绝大部分过程的温度控制、调节都是通过这种方式来进行的。从本质上来看，传热就是高、低温两种介质之间的能量传递，通常情况下，能量传递都是从高温介质传递给低温介质，一般都在换热器内进行。要认识传热工艺流程，可从以下方面来着手。

一、基本信息的采集

1. 传热介质信息的采集

传热介质信息主要包括传热过程中高低温介质的名称和物化性质。

2. 传热方法信息的采集

传热方式从理论上来讲有三种基本方式：传导传热、对流传热和辐射传热。当物体存在温差时，靠大量分子、原子、电子之间的相互碰撞作用，使热量由高温物体传向低温物体的传热过程称为传导传热，传导传热主要在固体和静止的流体中进行；由于流体内部质点的相对位移而将热量从流体中某一处传递至另一处的传热过程称为对流传热，对流传热是液体、气体传热的主要形式；热能以电磁波的形式通过空间进行的热传递称为辐射传热。所有的传热过程都不超出这三种基本方式，实际过程中这三种传热方式是同时进行的。

在化工生产过程中，由于换热的目的和工艺条件不同，换热方法也有多种，按其工作原理和设备的类型，常用的传热方法有以下三种。

① 直接混合式传热　直接混合传热是通过冷、热流体的直接接触、混合进行热量交换，所用换热器即为混合式换热器，又称为接触式换热器。由于两流体混合换热后必须及时分离，这类换热器适合于气、液两流体之间的换热。例如，化工厂和发电厂所用的凉水塔中，热水由上往下喷淋，而冷空气自下而上吸入，在填充物的水膜表面或飞沫及水滴表面，热水和冷空气相互接触进行换热，热水被冷却，冷空气被加热，然后依靠两流体本身的密度差得以及时分离。这类换热器的结构简单，传热效果好，但只适应于两股流体允许直接接触的场合，适用范围很小。

② 间壁式传热　冷、热两种流体被固体壁面隔开，传热时，热量从高温流体传给壁面，壁面再传给冷流体，这种传热形式称为间壁式传热。间壁式传热适用于冷、热两股流体不允许直接接触的场合。化工生产中，冷、热两股流体多数不能直接接触，因此，间壁式是化工生产中应用最广的传热方式。用这种方法换热的设备称之为间壁式换热器。间壁式换热器根据传热面的结构不同可分为管式、板面式和其他形式。管式换热器以管子表面作为传热面，包括列管式换热器、套管式换热器、夹套换热器、蛇管式换热器等；板面式换热器以板面作为传热面，包括板式换热器、螺旋板换热器、板翅式换热器、板壳式换热器和伞板换热器等；其他形式换热器是为满足某些特殊要求而设计的换热器，如刮面式换热器、转盘式换热器和空气冷却器等。

③ 畜热式传热　畜热式传热方法通常是在畜热器中进行的，

畜热器内装有耐火砖一类的填充物。操作时，首先通入热流体，将热量传给填充物储存，然后通冷流体，填充物将所储的热量释放出来传给冷流体，冷流体的温度升高，从而达到冷热流体换热的目的。畜热式传热的效率很高，但难免在交替时出现两股流体混合，因此使用的地方也不多。

传热方法信息就是指在传热过程中所采用的传热方法，不同的传热方法所选用的换热器也不一样，弄清楚传热方法对认识传热工艺流程有很大帮助。

二、确定关键设备

通常情况下可将换热器确认为关键设备。确认关键设备的方法既可通过设备铭牌辨认也可通过设备外形来寻找换热器。在化工生产过程中，通常会按换热器的工艺功能进行命名，具体的有加热器、预热器、过热器、蒸发器、再沸器、冷却器、冷凝器等，其作用都是进行换热，都是换热器。下面将以间壁式换热方法为例介绍是化工生产过程中常见的换热器外形、结构及工作原理。

1. 列管式换热器

列管式换热器又称管壳式换热器，是目前化工生产上应用最广的一种换热器。如图6-1所示，列管式换热器主要由壳体、管束、管板和顶盖等部件组成。管束安装在壳体内，两端固定在管板上，管板分别焊在外壳的两端，并在其上连接有顶盖。顶盖和壳体上装有流体进、出口接管。沿着管长方向，常常装有一系列垂直于管束的挡板。进行换热时，一种流体由顶盖的进口管进入，通过平行管束的管内，从另一段顶盖出口接管流出，称为管程。另一种流体则由壳体的接管进入，在壳体与管束间的空隙处流过，而由另一接管流出，称为壳程。管束的表面积即为传热面积。流体一次通过管程的称为单管程，一次通过壳程的称为单壳程。

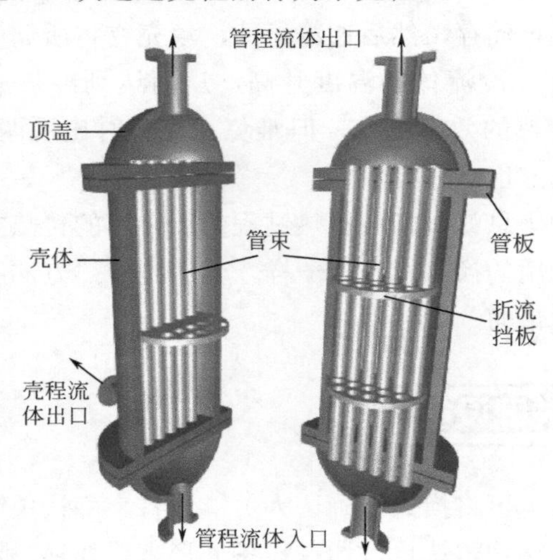

图6-1 列管式换热器

为了提高壳程流体的速度，往往在壳体内安装一定数目与管束相垂直的折流挡板。这样既可提高流体速度，同时迫使壳程流体按规定的路径多次错流通过管束，使湍动程度增加，以利于管外对流传热系数的增大。常用的挡板有圆缺形和圆盘形两种，前者应用较为广泛。

列管式换热器传热面积较大时，管子数目则较多，为了提高管程流体的流速，常将全部管子平均分隔成若干组，使流体在管内往返经过多次，称为多管程。

由于传热介质温差、性质的不同，列管式换热器的结构形式也有所不同，通常有固定管板式、浮头式、U形管式等结构形式。

① 固定管板式换热器　这类换热器的结构比较简单、紧凑、造价便宜，但管外不能机械清洗。此种换热器管束连接在管板上，管板分别焊在外壳两端，并在其上连接有顶盖，顶盖和壳体装有流体进出口接管，通常在管外还装置一系列垂直于管束的挡板，以增

加传热效果，其内部结构和工作原理如图6-2所示。

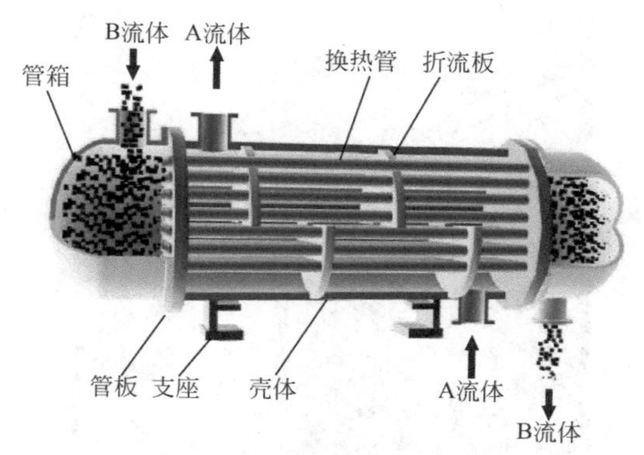

图6-2 固定管板式列管换热器的结构及工作原理

由于管子和管板与外壳的连接都是刚性的，而管内管外是两种不同温度的流体。因此，当管壁与壳壁温差较大时，由于两者的热膨胀不同，产生了很大的温差应力，以至管子扭弯或使管子从管板上松脱，甚至毁坏换热器。为了克服温差应力必须有温差补偿装置，一般在管壁与壳壁温度相差50℃以上时，为安全起见，换热器应有温差补偿装置，如图6-3和图6-4所示。但补偿装置（膨胀节）只能用在壳壁与管壁温差低于60～70℃和壳程流体压强不高的情况。一般壳程压强超过0.6MPa时由于补偿圈过厚，难以伸缩，失去温差补偿的作用，就应考虑其他结构。

图6-3 带温差补偿装置的固定板式列管换热器

图6-4　生产现场的带温差补偿装置的立式列管换热器

② 浮头式换热器　浮头式换热器的一块管板用法兰与外壳相连接，另一块管板不与外壳连接，以使管子受热或冷却时可以自由伸缩，但在这块管板上连接一个顶盖，称之为“浮头”，所以这种换热器叫做浮头式换热器。其工作原理如图6-5所示。图6-6为浮

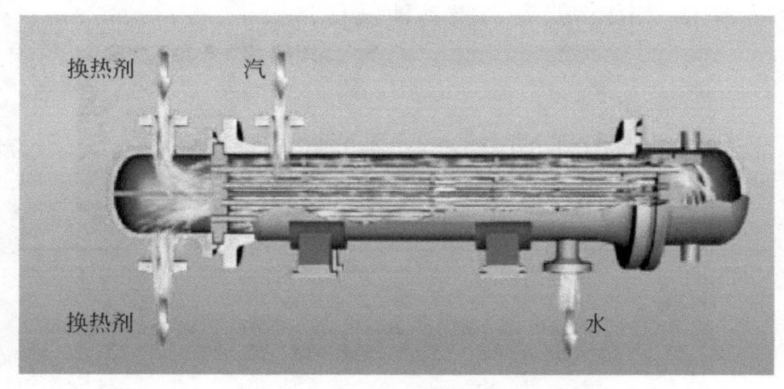

图6-5　浮头式列管换热器

常识：

液氨钢瓶黄色瓶身黑字

头式列管换热器外形结构。图6-7为安装于生产现场的浮头式列管换热器。

图6-6 浮头式列管换热器

图6-7 生产现场的浮头式列管换热器

浮头式列管换热器的优点是：管束可以拉出，以便清洗；管束的膨胀不变壳体约束，因而当两种换热器介质的温差大时，不会因管束与壳体的热膨胀量的不同而产生温差应力。其缺点为结构复杂，造价高。

③ U形管式换热器 U形管式换热器是将换热管弯成U形，两端固定在同一管板上，管束可以自由伸缩，不会因介质温差而产生温差应力，其内部结构如图6-8所示。图6-9为U形管式换热器外形结构。图6-10为安装于生产现场的U形管式换热器。

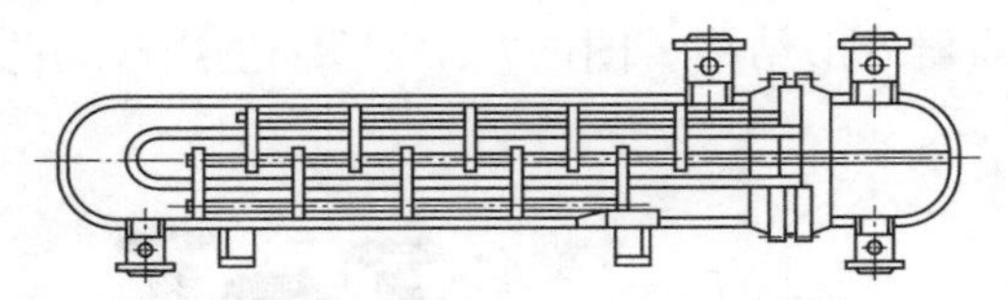

图6-8　U形管式换热器的内部结构

图6-9　U形管式换热器的外形

图6-10　生产现场的U形管式换热器

U形换热器只有一块管板，且无浮头，因而价格比浮头式便宜，结构也简单，管束可以抽出清洗。其主要特点：每根管子均可以自由膨胀而不受其他管子和壳体的约束，弹性大、热补偿性能好，管程流速传热性能好，承压能力较强、结构紧凑、管束可以抽出壳体清洗和检修，但管程流阻较大、管内清洗不便，中心部位管子不宜更换以及内层弯曲半径不能太小限制了管板上排列管子数目的缺点。

常识：
氯气钢瓶草绿色瓶身白字

2. 套管式换热器

套管式换热器是以同心套管中的内管作为传热元件的换热器，它是用两种不同尺寸的标准管连接成为同心圆的套管，外部的叫壳程，内部的叫管程。两种不同介质可在壳程和管程内逆向流动（或同向）以达到换热效果。

图6-11是安装于生产现场的套管换热器，而6-12是安装于化工生产设备上的套管换热装置，是化工生产过程中的一种套管换热形式，管内走物料，管层走热载体。由于制造加工的因素，在变向处采用旁路的方式组成回路。

图6-11　生产现场的套管换热器

图6-12　生产现场的套管换热装置

套管式换热器的主要优点是：结构简单，传热面积增减自如；传热效能高。它是一种纯逆流型换热器，同时还可以选取合适的截面尺寸，以提高流体速度，增大两侧流体的给热系数，因此传热效果好。

套管式换热器的缺点是：占地面积大；单位传热面金属消耗量多，约为管壳式换热器的5倍；管接头多，易泄漏；流阻大。

3. 夹套式换热器

夹套式换热器的换热器夹套安装在容器的外部，夹套与器壁之间形成密闭的空间，为载热体（加热介质）或载冷体（冷却介质）的通路。夹套通常用钢或铸铁制成，可焊在器壁上或者用螺钉固定在容器的法兰或器盖上，其结构如图6-13所示。

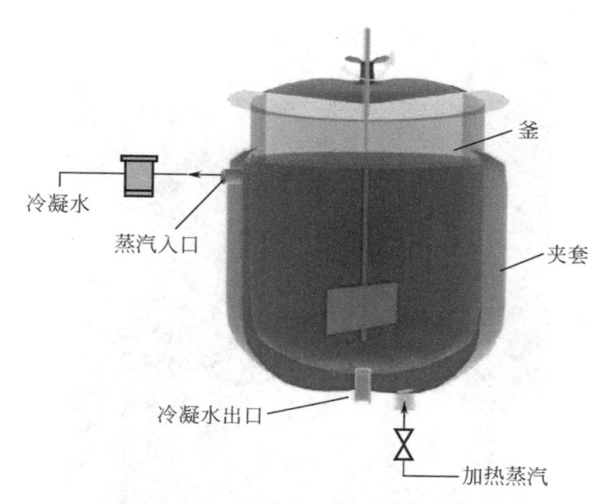

图6-13 夹套式换热器的结构

图6-14为夹套式换热器的外形，图6-15为安装于生产现场的夹套式换热器。夹套式换热器主要用于反应过程的加热或冷却。在

图6-14 夹套式换热器

图6-15　生产现场的夹套换热器

用蒸汽进行加热时，蒸汽由上部接管进入夹套，冷凝水则由下部接管流出。作为冷却介质时，冷却介质（如冷却水）由夹套下部的接管进入，而由上部接管流出。这种换热器的传热系数低，传热面又受容器的限制，因此适用于传热量不太大的场合。

4. 蛇管式换热器

蛇管式换热器是把管子弯成螺旋弹簧状或平面螺旋状。其结构图如图6-16和图6-17所示。

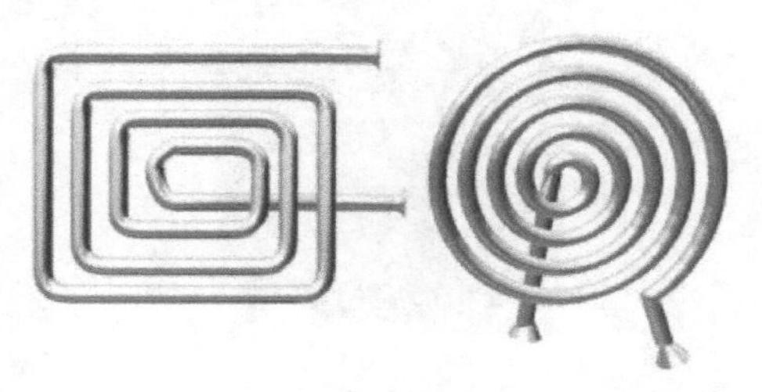

图6-16　蛇管式换热器（1）

常识：

氩气钢瓶黑色瓶身白字

图6-17　蛇管式换热器（2）

蛇管式换热器主要应用于反应器内液体进行热交换，蛇管也可用于室外喷淋式换热器。因为这种换热器结构简单，易于制造，对换热面需求不大的场合比较适用，同时因管子能承受高压而不易泄漏，常被高压流体的加热或冷却所采用。蛇管式换热器又称沉没式蛇管换热器，蛇管沉浸在盛有流体的容器内，一种流体在容器中流动，另一种流体在蛇管内流动，两者通过蛇管壁进行换热。可用作液体预热器和蒸发器，也可用作气体和液体的冷却器或冷凝器。

蛇管式换热器的优点是：结构简单、价格低廉、可用任何材料制造、蛇管能承受高的压力，常用于高压流体的冷却。

缺点是：传热效率低；设备笨重，不适于制造大型设备。

5. 螺旋板式换热器

螺旋板式换热器是由两张互相平行的钢板卷制成互相隔开的螺旋形流道。两板之间焊有定距柱以维持流道的间距，螺旋板的两端焊有盖板，冷热流体分别在两流道内流动，通过螺旋板进行热量交换。其工作原理如图6-18所示。

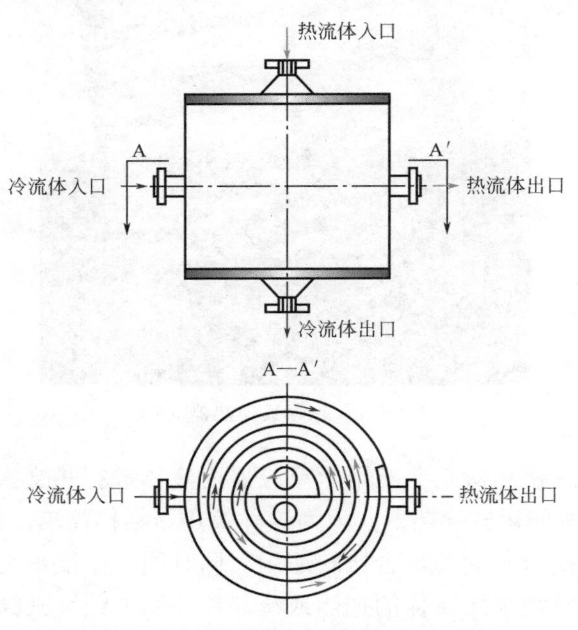

图6-18　螺旋板式换热器工作原理

图6-19螺旋板式换热器的外形，图6-20为安装于生产现场的螺旋板式换热器。

螺旋板式换热器的主要优点有：结构紧凑，单位体积提供的换热面积大，总传热系数大，传热效率高，不易堵塞。

缺点有：操作压力和温度不能太高，流体的阻力较大，不易检修，且对焊接质量要求很高。

图6-19　螺旋板式换热器

图6-20　生产现场的螺旋板式换热器

6. 板翅式换热器

在两块平行金属薄板之间，夹入波纹状或其他形状的翅片，两边以侧封条密封，即组成一个换热基本元件（单元体）。其结构如图6-21和图6-22所示。

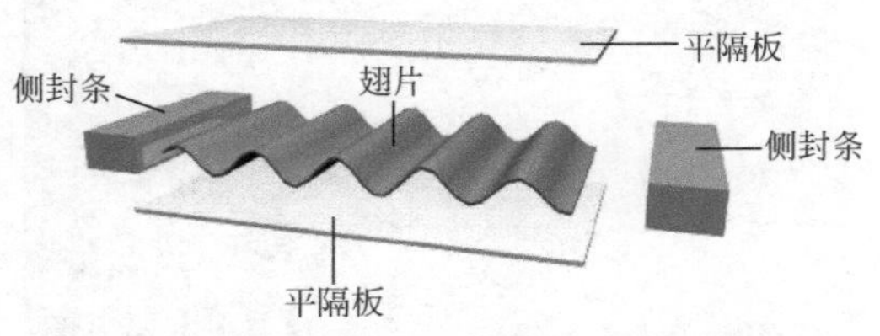

图6-21　板翅式换热器的内部结构

图6-22　板翅式换热器的外部结构

板翅式换热器结构紧凑，单位体积传热面积高；所用翅片形状可促进流体湍动和破坏滞流内层，故其传热系数大；因翅片对隔板有支撑作用，因而板翅式换热器具有较高的强度，允许操作压力高。但其制造工艺比较复杂，且清洗和检修困难，因而要求换热介质洁净。

7. 翅片式换热器

为了增加传热面积，提高传热速率，在管子表面加上径向或轴向翅片的换热器，称为翅片式换热器，如图6-23所示。

翅片的种类很多，按翅片的高度不同，可分为高翅片和低翅片两种。高翅片用于管内、外两流体对流传热系数相差较大的场合，

图6-23 翅片式换热器

如气体的加热或冷却。低翅片用于管内外两流体对流传热系数相差不太大的场合，如黏度较大的液体的加热或冷却等。

8. 搪瓷片式换热器

搪瓷片式换热器是由器盖、器身、器底、垫圈、U形铸铁管和紧固件等组成的重叠式组装结构。其外形如图6-24所示。

图6-24 搪瓷片式换热器

搪瓷片式换热器的换热面积具有较大的灵活调节性，可按用户生产工艺需要增加或减少中间层（器身）片数进行组装，一般可在1.5～12m^{2}范围内进行调节。一台传热面积为10m^{2}的片式冷凝器，其总高度为1410mm，直径为900mm，而同样面积的搪玻璃套筒式换热器高度为2200mm，外径为1015mm，相比之下，片式换热器具有结构紧凑、重量轻等优点。热气流的冷凝，通过热气流和冷却水的逆向流动进行热交换，片层间距小而均匀，介质反复的扩散，汇合流动，有效地提高了换热效率。设备经过使用，如发现有部件损坏，可更换单片部件进行重新组合，这样就不造成整机报废，从而延长了设备的使用寿命。

9. 圆块式石墨换热器

圆块式石墨换热器为目前较先进、性能较优越的一种石墨换热器。圆柱体换热块采用标准单元块，具有较高的结构强度，该结构不采用胶黏剂，而采用聚四氟乙烯O形圈密封介质，加装压力弹簧作热胀冷缩的自动补偿机构，采用短通道，增加再分配室，以提高紊流效应而提高传热效率。其外形结构如图6-25所示。

圆块式石墨换热器具有结构强度高、耐温耐压性能强、抗冲击性能好、传热效率高、使用寿命长并便于检修等优点，由于采用石墨材料，抗腐蚀性能特别强，广泛应用于酸性介质的换热。

三、确定管路中物料的走向

换热器中有两路通道，一路是热介质，另一路是冷介质，换热器中介质的走向主要是依靠和它直接连接的其他工艺流程管路中流体的走向来确定，比如说换热器是和流体输送流程直接连接，那么流体输送的出口即为换热器同种介质的进口；同样的也可判断和反应器及精馏、吸收等设备直接连接的换热器同种介质的走向。另外还

图6-25　圆块式石墨换热器

可以通过所学知识和一些常识、经验，再借助于测试装置对通道内的介质走向进行分析、推测。例如，对液体介质来说它进入换热器必须采用下进上出，这样才能使液体介质充满整个空间，保证最大限度利用有限的传热面积，确保能量传递的效果；用水蒸气来加热另一介质则必须要从换热器的上部进入，只有这样才能保证及时排出冷凝水；另外，两路介质一般是采用逆流走向，这样能量交换的效果比较好等。换热器中流体的相对流向一般有顺流和逆流两种。顺流时，入口处两流体的温差最大，并沿传热表面逐渐减小，至出口处温差为最小。逆流时，沿传热表面两流体的温差分布较均匀。在冷、热流体的进出口温度一定的条件下，当两种流体都无相变时，逆流的平均温差最大，顺流最小。

在完成同样传热量的条件下，采用逆流可使平均温差增大，换热器的传热面积减小；若传热面积不变，采用逆流时可使加热或冷却流体的消耗量降低。前者可节省设备费，后者可节省操作费用，故在设计或生产使用中应尽量采用逆流换热。

当冷、热流体两者或其中一种有物相变化（沸腾或冷凝）时，由于相变时只放出或吸收汽化潜热，流体本身的温度并无变化，因此流体的进出口温度相等，这时两流体的温差就与流体的流向选择无关了。除顺流和逆流这两种流向外，还有错流和折流等流向。

四、绘制工艺流程图

传热的工艺流程相对来说是比较简单的，下面介绍化工生产过程中常见的传热方式及工艺流程图。

图6-26为列管式换热器的工艺流程，冷、热介质是采用逆流的形式，这样传热效果比较好，但有时候考虑其他因素占主导地位，比如液体介质下进上出，要优先考虑，此时也可采用顺流的形式。

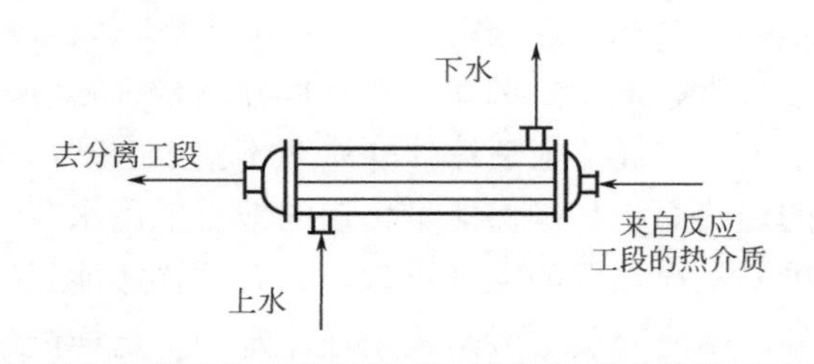

图6-26 列管式换热器的工艺流程

图6-27为对反应釜内介质进行温度控制的能量交换工艺流程，此时夹套内走的是液体介质，液体介质必须是从下面进上面出，这样能够保证夹套内始终充满液体介质，提高传热效率。

图6-28为通过蒸汽对釜内物料进行升温最典型的工艺流程，

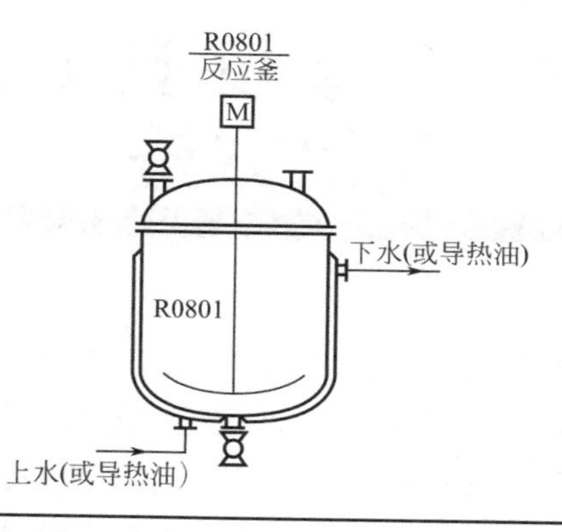

图6-27　夹套式换热器的工艺流程（1）

蒸汽从上面进入夹套，冷凝水从下面排出。

总的来说，传热工艺流程是对化工生产过程中温度控制的流程，尽管在控制过程中所使用的换热器是多样的，但肯定是两种或两种以上介质之间的热量转换的流程，在认识流程时必须弄清楚是哪些介质之间的热量交换，然后找到换热设备，流程就一目了然了。

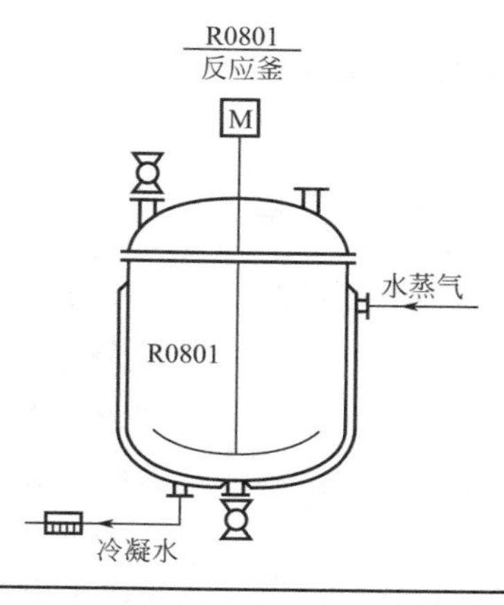

图6-28　夹套式换热器的工艺流程（2）

第七章 化学反应工艺流程的认识方法

化学反应工艺流程是指在化工生产过程中发生化学反应的各项工序安排的程序，它是化工生产过程中最为重要的单元，也是整个化工生产工艺流程的核心部分。工艺水平的先进与否，直接决定了该生产工艺的好与坏，该单元的操作水平更是关系到整个生产过程，在工艺水平相同的情况下，产品的得率、生产的稳定、安全都由该单元的操作水平来决定。通常情况下，化学反应都是在反应器内进行的，将生产原料按一定的比例输送到反应器内，按生产工艺要求严格控制反应器内温度、压力和物料的停留时间，反应完成后物料就进入下一单元操作——产品的分离。对化学反应工艺流程的认识，还是要从以下几方面来着手。

一、基本信息的采集

1. 反应原料和产品信息的采集

反应原料和产品信息是指在化工生产过程中所使用的原料及发生化学反应后产品的名称、状态、性质等相关信息。掌握了原料、产品的性质可以帮助我们更好地认识生产过程中发生的化学反应，并可以针对性加强安全防护措施，可以正确地应对一些特殊情况的发生。

原料的状态对认识化学反应工艺流程也很重要。反应过程通常会按参加反应物质的相态进行分类，可分为均相反应和非均相反应。均相反应过程没有相界面，不存在相间接触和相间传递的问题，它包括气相反应过程和单一液相反应过程。均相反应的特点：反应没有界面，反应速率主要受温度、压力等因素的影响。非均相反应过程是指参加反应的物质处于两个相或多个相的反应过程。非均相反应过程有相界面，处于非反应相的反应物要越过相界面，扩散到反应相，才能进行反应。非均相反应过程包括五类：气-液相反应过程、液-液相反应过程、气-固相反应过程、液-固相反应过程和气-液-固反应过程。

2. 化学反应信息的采集

化学反应信息是指在该化工生产过程中所发生的化学反应等相关信息，主要包括主、副反应及这些反应的类型。无机化学工业生产过程中主要反应类型有化合反应、分解反应、置换反应和复分解反应。有机化学工业生产过程中主要反应类型有取代反应、加成反应、氧化反应、裂解反应、脱水反应等。其中取代反应包括：卤代、硝化、磺化、酯化、皂化、水解等；加成反应包括加水、加卤素、加氢、加卤化氢等；氧化反应包括燃烧氧化、常温氧化、催化氧化等。掌握反应类型可以帮助我们了解该生产过程是放热还是吸热，如果是放热反应，那么为了维持一定的温度就要移走热量，也就需要有冷却装置，反之亦然，同时对认识传热流程也有很大帮助。另外，掌握这些信息还可以帮助我们更好地认识生产过程中使用的反应器的类型等，不同的反应类型使用的反应器是不一样的。

二、确定关键设备

毫无疑问，在认识化工生产工艺流程时必须将反应器确定为关键设备，因为反应器就是进行化学反应的特定设备。反应器的种类很多，按反应器的外形来分有：管式反应器、釜式反应器、塔式反应器（填料塔、鼓泡塔、喷雾塔）；对具有固体颗粒床层的反应器又分为固定床和流化床反应器等。确认关键设备反应器的方法同样也是通过设备铭牌辨认也可通过设备外形来寻找反应器。以下是化工生产中常见的几种反应器结构、工作原理、外形（图片）及特点。

1. 管式反应器

管式反应器是一种呈管状、长径比很大的连续操作反应器。这种反应器可以很长，如丙烯二聚的反应器管长以公里计。反应器的结构可以是单管，也可以是多管并联；可以是空管，如管式裂解炉；也可以是在管内填充颗粒状催化剂的填充管，以进行多相催化反应，如列管式固定床反应器。通常，反应物流处于湍流状态时，空管的长径比大于50；填充段长与粒径之比大于100（气体）或200（液体），物料的流动可近似地视为平推流。工作原理如图7-1所示。

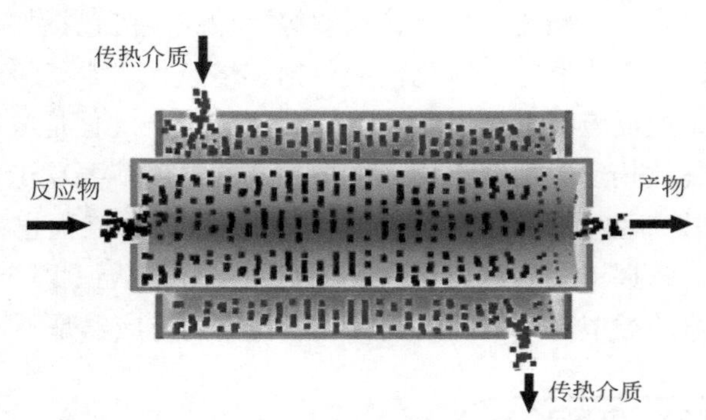

图7-1 管式反应器的工作原理

图7-2为列管式反应器，这类反应器常用来进行气-固相反应，温度、压力也是比较高的，反应时伴随着大量的能量传递过程。通常是反应气体走管层，传热介质走壳层。

图7-2 列管式反应器

管式反应器的优点是返混小，因而容积效率（单位容积生产能力）高，对要求转化率较高或有串联副反应的场合尤为适用。此外，管式反应器可实现分段温度控制。其主要缺点是，反应速率很低时所需管道过长，工业上不易实现。

2. 釜式反应器

釜式反应器是一种低高径比的圆筒形反应器，用于实现液相单相反应过程和液-液、气-液、液-固、气-液-固等多相反应过程。器内常设有搅拌（机械搅拌、气流搅拌等）装置。在高径比较大时，可用多层搅拌桨叶。在反应过程中物料需加热或冷却时，可在反应器壁处设置夹套，或在器内设置换热面，也可通过外循环进行换热。其结构如图7-3所示。

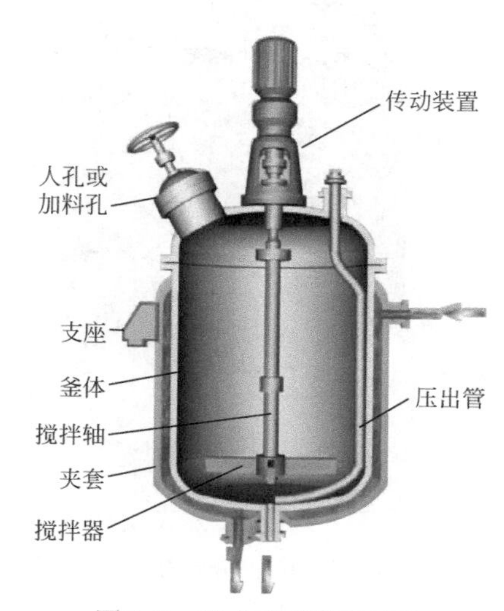

图7-3 釜式反应器的结构

图7-4是最通用的一种反应釜，夹套内可走水和水蒸气。该反应釜是用水和水蒸气来控制反应温度，操作简单方便，但需要蒸汽锅炉，投入较大。

图7-5是最常用的电加热夹套反应釜。在夹套的底部插入6根电加热棒用来给反应提供热量，反应锅内有一根盘管通水用来调节反应温度。它的特点是操作简单，投入生产快，无烟道气排放，但能耗大，温度不宜控制。

图7-4　夹套式反应釜　　　图7-5　电加热夹套反应釜

图7-6为电加热式反应釜，从图片上可以看出，在反应釜的安装支座下有重量传感器，可以随时观察反应釜的重量，便于实现反应过程的控制。

图7-7为远红外加热反应釜。它是在反应釜的外层装有远红外加热器，其特点是加热速度快，使用方便。

图7-6 电加热式反应釜

图7-7 远红外加热反应釜

图7-8为安装于生产现场的反应釜，从图上看出釜盖上装有安全阀，可以判断该反应釜是能够承压的。

图7-8 生产现场的反应釜

图7-9为安装于生产现场的反应釜，该反应釜搅拌装置是安装在反应釜的底部。

图7-10为半管半夹套反应釜，它是为了解决几种传热介质不能走同一通道而设计制造的特殊规格反应器，便于调节反应器内温度。比如说导热油和水、水蒸气

图7-9　搅拌装置安装在底部的反应釜

图7-10　生产现场的半管半夹套反应釜

是不能走同一路的。在半管半夹套反应器上管内走导热油夹套内走水，或调换一下也是可以的，这主要是看哪一种方案更经济。

图7-11是高压磁力反应釜，它采用磁力搅拌装置，因为没有搅拌轴，反应器的密封效果非常好，适合进行高压反应。

图7-12为内衬石墨反应釜，该反应釜主要用于反应介质腐蚀性特别强的体系。

釜式反应器是液液相反应或液固相反应最常用的一种反应器，它可以在较大的压力和温度范围内使用，适应不同操作条件和产品品种，更适用于小批量、多品种、反应时间较长的产品生产。

图7-11 高压磁力反应釜

图7-12 生产现场的内衬石墨反应釜

3. 塔式反应器

用于实现气液相或液液相反应过程的塔式设备，它们的外部结构大致相同，根据内部结构的不同可分为鼓泡塔、填料塔、板式塔等。

（1）鼓泡塔反应器

鼓泡塔反应器广泛应用于液相反应也参与反应的中速、慢速反应和放热量大的反应。例如，各种有机化合物的氧化反应、各种石蜡和芳烃的氯化反应、各种生物化学反应、污水处理曝气氧化和氨水碳化生成固体碳酸氢铵等反应，都采用这种鼓泡塔反应器。鼓泡塔反应器在实际应用中具有以下优点：

① 气体以小的气泡形式均匀分布，连续不断地通过气液反应层，保证了气、液接触面，使气、液充分混合，反应良好；

② 结构简单，容易清理，操作稳定，投资和维修费用低；

③ 鼓泡塔反应器具有极高的储液量和相际接触面积，传质和传热效率较高，适用于缓慢化学反应和高度放热的情况；

④ 在塔的内、外都可以安装换热装置；

⑤ 和填料塔相比较，鼓泡塔能处理悬浮液体。

鼓泡塔在使用时也有一些很难克服的缺点，主要表现如下：

① 为了保证气体沿截面的均匀分布，鼓泡塔的直径不宜过大，一般在2～3m以内；

② 鼓泡塔反应器液相轴向返混很严重，在不太大的高径比情况下，可认为液相处于理想混合状态，因此较难在单一连续反应器中达到较高的液相转化率；

③ 鼓泡塔反应器在鼓泡时所耗压降较大。

（2）填料塔反应器

填料塔反应器是广泛应用于气体吸收的设备，也可用作气-液相反应器，由于液体沿填料表面下流，在填料表面形成液膜而与气相接触进行反应，故液相主体量较少。适用于瞬间反应、快速和中速反应过程。例如，催化热碱吸收、水吸收生成硝酸、水吸收HCl生成盐酸、水吸收生成硫酸等通常都使用填料塔反应器。填料塔反应器具有结构简单、压降下、易于适应各种腐蚀介质和不易造成溶液起泡的优点。填料塔反应器也有不少缺点：首先，它无法从塔体中直接移去热量，当反应热较高时，必须借助增加液体喷淋量以显热形式带出热量；其次，由于存在最低润湿率的问题，在很多情况下需采用自身循环才能保证填料的基本润湿，但这种自身循环破坏

烧烫伤急救要领：

用干净纱布或被单覆盖和包裹烧伤创面，切忌在烧伤处涂各种药水、药膏

了逆流的原则。尽管如此，填料塔反应器还是气-液反应和化学吸收的常用设备。特别是在常压和低压下，压降成为主要矛盾时和反应溶剂易于起泡时，采用填料塔反应器尤为适合。

（3）板式塔反应器

板式塔反应器的液体是连续相而气体是分散相，借助于气相通过塔板分散成小气泡而与板上液体相接触进行化学反应。板式塔反应器适用于快速及中速反应。采用多板可以将轴向返混降低至最低程度，并且它可以在很小的液体流速下进行操作，从而能在单塔中直接获得极高的液相转化率。同时，板式塔反应器的气液传质系数较大，可以在板上安置冷却或加热元件，以适应维持所需温度的要求。但是板式塔反应器具有气相流动压降较大和传质表面较小等缺点。

（4）喷淋塔反应器

喷淋塔反应器结构较为简单，液体以细小液滴的方式分散于气体中，气体为连续相，液体为分散相，具有相接触面积大和气相压降小等优点。适用于瞬间、界面和快速反应，也适用于生成固体的反应。喷淋塔反应器具有持液量小和液侧传质系数过小，气相和液相返混较为严重的缺点。

图7-13为塔式反应器，常用来进行强放热反应，塔内、塔外都有盘管用来移走反应热。图7-14为安装于生产现场的喷淋塔反应器，反应物料从塔顶进入。

4. 固定床反应器

固定床反应器又称填充床反应器，是装填有固体催化剂或固体反应物用以实现多相反应过程的一种反应器。固体物通常呈颗粒状，粒径2～15mm，堆积成一定高度（或厚度）的床层。床层静止不动，流体通过床层进行反应。它与流化床反应器及移动床反应器的区别在于固体颗粒处于静止状态。固定床反应器主要用于实现气固相催化反应，如氨合成塔、二氧化硫接触氧化器、烃类蒸汽转化

图7-13　生产现场的塔式反应器（1）

烧烫伤急救要领：

切忌给烧伤伤员喝白开水

图7-14　生产现场的塔式反应器（2）

炉等。用于气-固相或液-固相非催化反应时，床层则填装固体反应物。其结构如图7-15，工作原理如图7-16所示。

图7-17为乙苯脱氢制苯乙烯的反应器。

固定床反应器的优点是：①返混小，流体同催化剂可进行有效接触，当反应伴有串联副反应时可获得较高选择性；②催化剂机械损耗小；③结构简单。固定床反应器的缺点是：①传热差，反应放热量很大时，即使是列管式反应器也可能出现飞温（反应温度失去控制，急剧上升，超过允许范围）；②操作过程中催化剂不能更换，催化剂需要频繁再生的反应一般不宜使用，常代之以流化床反应器或移动床反应器。

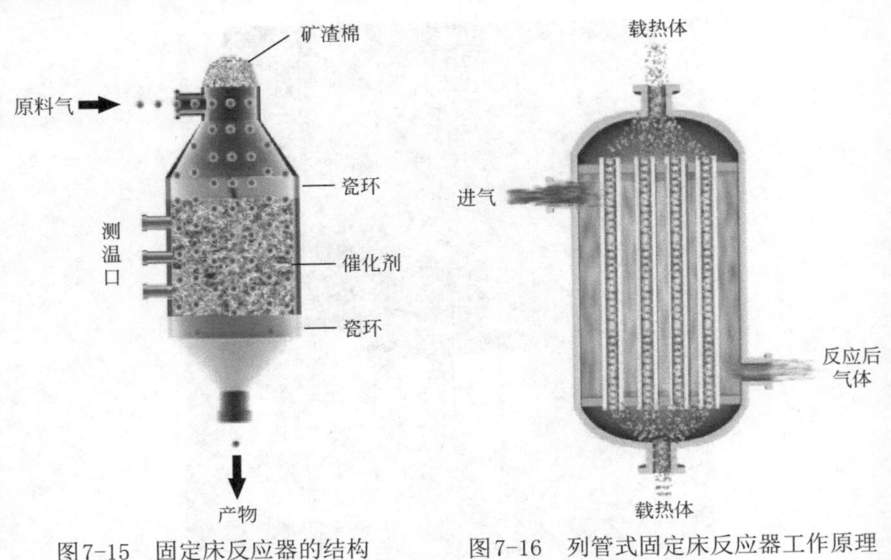

图7-15　固定床反应器的结构　　图7-16　列管式固定床反应器工作原理

图7-17　生产现场的固定床反应器

触电急救要领：

迅速关闭开关，切断电源

5. 流化床反应器

图7-18为流化床反应器的工作原理图。这是一个连续生产过程，原料气从反应器的底部通入，利用原料气体的动能将催化剂吹动起来，使原料气和催化剂充分接触后而发生化学反应，反应完成后反应气从反应器的顶部排出。

图7-19为机械搅拌式流化床的工作原理图。这是一个连续生产过程，利用机械搅拌装置使催化剂流动起来，原料气从底部通入，在反应室和催化剂充分接触后而发生化学反应。反应结束后从反应器顶部排出。

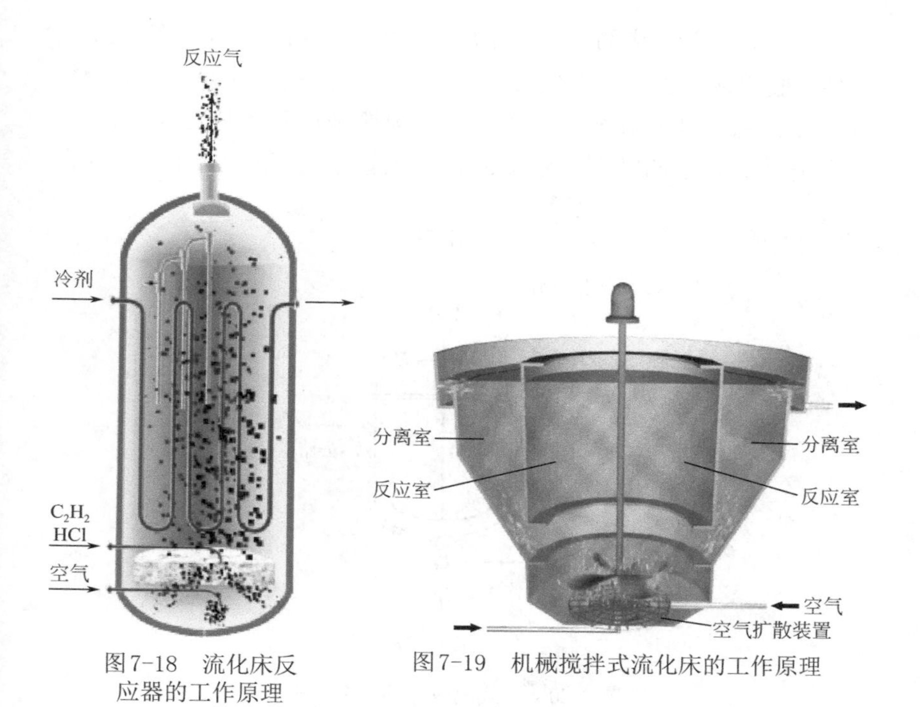

图7-18 流化床反应器的工作原理

图7-19 机械搅拌式流化床的工作原理

三、确定管路中物料的走向

相比较而言确定进出反应器的物料走向是很简单的，通常还是借助于输送设备来确认，和输送设备出口相连的一段肯定是反应器的进料口，另一段则是出料口。有时也可凭经验来判断，如对间歇式反应器来说反应物料一般都是从上部投入从下部底阀放出，而对连续式反应器反应物料通常是从塔的下部进入反应器，从塔的上部排出。

四、绘制化学反应工艺流程图

常见的化学反应的工艺流程有以下几种（见图7-20～图7-22）。

一般说来真正意义上的反应工艺流程是比较简单的，反应物料进入反应设备进行化学反应后排出，但这个过程还是比较复杂的，不但有化学反应的发生，还有非常重要能量传递过程，主要体现在

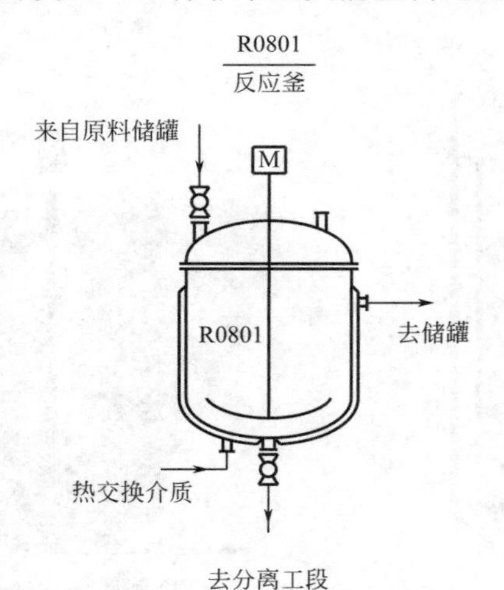

图7-20　釜式反应器的工艺流程

对反应设备内温度、压力严格控制，它是通过能量传递来实现的。因此在认识反应工艺流程时必须和传热工艺流程联系起来一起考虑，这样才能搞清反应工艺流程。

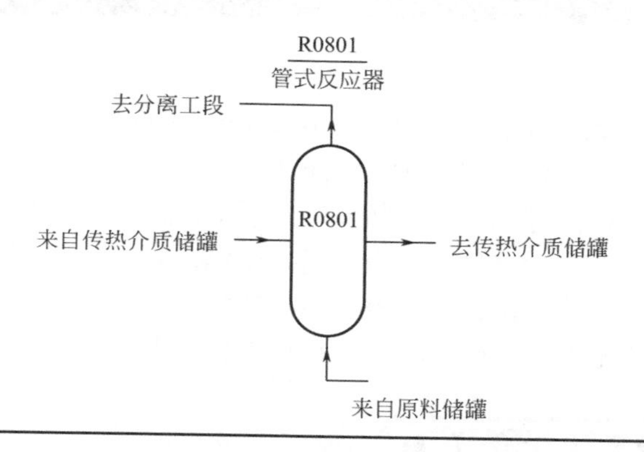

图7-21　管式反应器的工艺流程

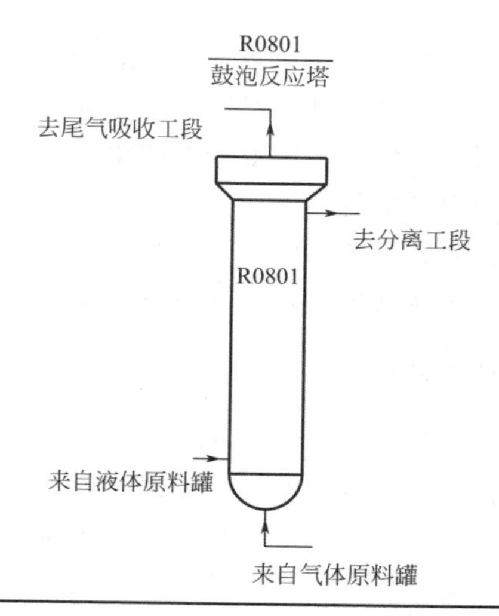

图7-22　鼓泡塔反应器的工艺流程

第八章　混合物料分离工艺流程的认识

混合物料分离工艺流程是将化学反应工艺流程中的生成物分离成高纯度产品各项工序安排的程序，有时也称之为传质工艺流程。我们知道，原料在发生化学反应时会同时发生很多副反应，也就会产生很多副产物。而化工生产的最终目的是要根据工艺要求得到较纯物质，因此，在化工生产过程中就必须将发生化学反应后得到的混合物进行分离从而得到较纯的物质。

一、基本信息的采集

1. 混合物料信息的采集

混合物料信息是指混合物料中各组分的名称、含量及其性质等相关信息，掌握这些信息，对认识分离方法将起到决定性的作用。

为了更好认识混合物，根据混合物中组分的相态将混合物系分成均相物系和非均相物系两大类。

均相物系是指只有一个相的物系，也叫单相物系；含有两个或两个以上相的物系叫非均相物系，也叫多相物系。

2. 分离方法信息的采集

混合物的分离方法根据其组成不同，分离方法也不同。均相物系的分离方法有蒸馏、吸收、吸附、萃取、结晶等，非均相物系的分离方法有沉降、过滤、干燥等，具体的工作原理如下。

（1）蒸馏

利用混合物中各组分挥发性不同的性质，气液平衡时各组分在两相中的相对含量不同的特点来分离混合物的方法称为蒸馏。蒸馏是目前最常用也是最简单的分离混合物的方法，它的主要优点是不需要外加其他物料（特殊蒸馏除外），只要进行简单的加热汽化和冷凝，就可以将各组分直接分离制得产品，生产装置只要有蒸馏釜就可以了，过程比较简单。如果混合物中各组分的挥发性相差不大，各组分的沸点比较接近，又要求将组分完全分开时，通过简单的蒸馏是不能实现的，则就必须采用精馏操作。精馏就是多次而且同时运用部分汽化与部分冷凝使混合液得到分离的过程，是得到高纯度产品最为常用的方法。

图8-1为简单蒸馏的操作原理图，将一定量一定组成为x的溶液加热至沸腾，产生的蒸汽组成为y，且$y>x$，将其不断引出，使之冷凝的分离操作，由于馏出液的组成开始时最高，随后逐渐降低，故常设有几个产品接受器，按时间先后，沸点的高低，分别得到不同组成的馏出液，从图8-1中看出，混合物料通过蒸馏得到了几种组成不同的物料。简单蒸馏的特点是只存在物料平衡关系，一次气液平衡都没有达到，在蒸馏过程中，温度、组成随时间变化，

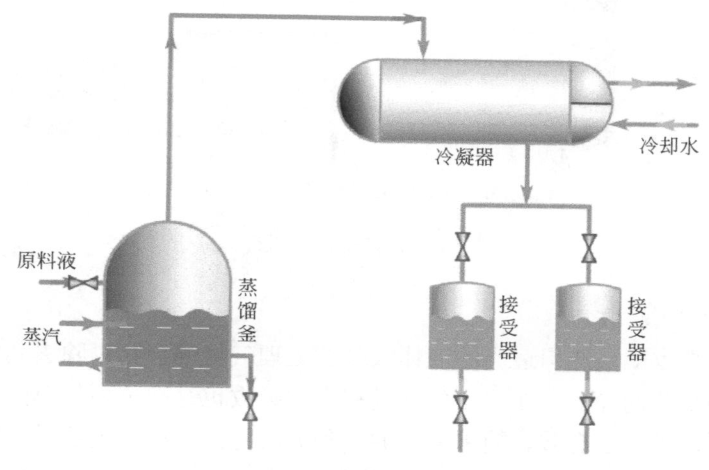

图8-1 蒸馏操作原理

是间歇不稳定过程。只获得一定沸程，即某个温度区段的馏分（馏出液），适用于轻工业和原料预处理。

图8-2为精馏操作原理图。将液体混合物进行多次部分汽化，难挥发组分便在液相中得到富集；将混合蒸汽进行多次部分冷凝，易挥发组分则在气相中得到富集。精馏就是在同一设备（精馏塔）内，同时并多次地进行部分汽化和部分冷凝的操作过程，从而得到易挥发组分几乎纯的馏出液和难挥发组分几乎纯的馏残液。

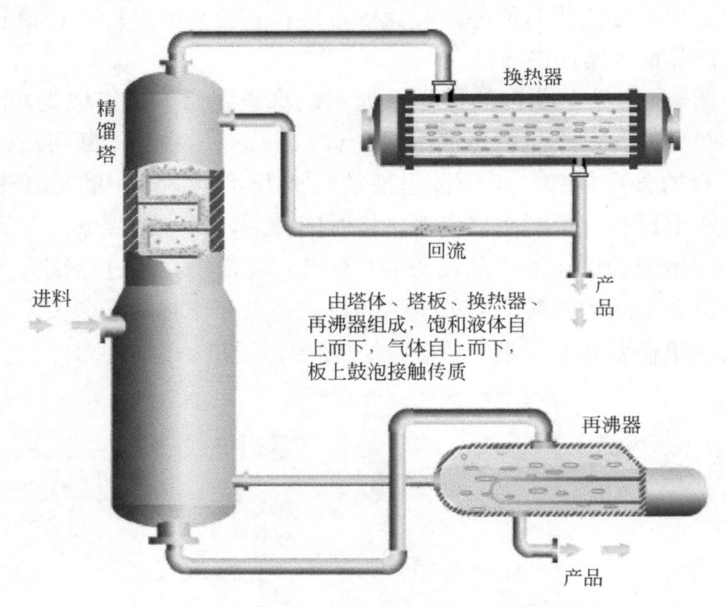

图8-2　精馏操作原理

（2）吸收

吸收就是选用适当的液体吸收剂处理气体混合物以除去其中的一种组分的操作。在化工生产过程中，吸收也是很重要的单元操作之一，是行之有效、简单易行的一种分离方式。根据过程进行的特点，可分成物理吸收和化学吸收两大类。在吸收过程中发生化学反应的是化学吸收，否则为物理吸收。

从吸收剂中分离出已被吸收的气体的操作称之为解吸，解吸是吸收的相反过程，解吸的主要作用是使吸收剂释放出被吸收的气体，使吸收剂能够循环使用，减少排放，节约操作费用。

图8-3为吸收、解吸的操作原理。

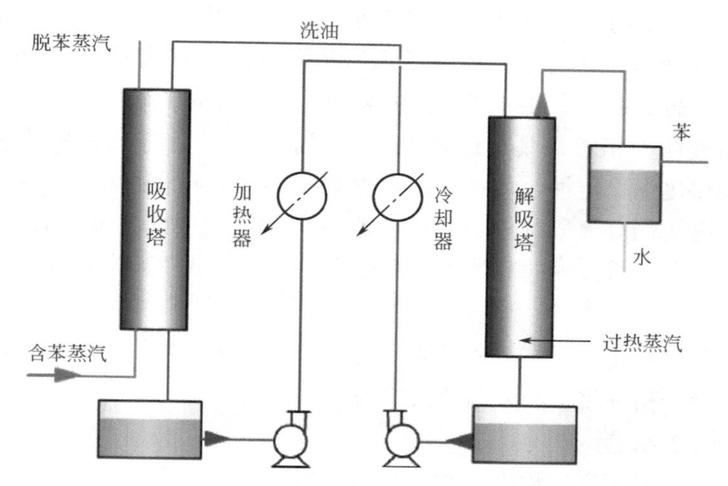

图8-3　吸收、解吸的操作原理

（3）吸附

吸附是指物质（主要是固体物质）表面吸住周围介质（液体或气体）中的分子或离子的现象。吸附过程有两种情况：物理吸附，是指吸附剂与吸附质之间是通过分子间引力（即范德华力）而产生的吸附，在吸附过程中物质不改变原来的性质，因此吸附能小，被吸附的物质很容易再脱离，如用活性炭吸附气体，只要升高温度，就可以使被吸附的气体脱离活性炭表面；化学吸附，是指吸附剂与吸附质之间发生化学作用，生成化学键引起的吸附，在吸附过程中不仅有引力，还运用化学键的力，因此吸附能较大，要逐出被吸附的物质需要较高的温度，而且被吸附的物质即使被逐出，也已经产生了化学变化，不再是原来的物质了，一般催化剂都是以这种吸附方式起作用。

吸附作用是催化、脱色、脱臭、防毒等工业应用中必不可少的单元操作。

（4）萃取

萃取是利用系统中组分在溶剂中有不同的溶解度来分离混合物的单元操作。利用相似相溶原理，萃取有两种方式：液-液萃取，用选定的溶剂分离液体混合物中某种组分，溶剂必须与被萃取的混合物液体不相溶，具有选择性的溶解能力，而且必须有好的热稳定性和化学稳定性，并有小的毒性和腐蚀性；固-液萃取，也叫浸取，用溶剂分离固体混合物中的组分，如用水浸取甜菜中的糖类，用酒精浸取黄豆中的豆油以提高油产量，用水从中药中浸取有效成分以制取流浸膏叫“渗沥”或“浸沥”。

萃取是化工生产过程中用来提纯和纯化化合物的手段之一，特别对一些精细化学品分离效果更为理想。

（5）结晶

在化工生产过程中，结晶是使液体中的固体溶质从溶液中析出晶体的单元操作过程。结晶操作是化工生产过程中常用的物质分离和提纯方法，它是运用溶解度的变化规律，通过将过饱和溶液中的过剩溶质从液相转移到固相而实现的。使溶液形成适宜的过饱和度是结晶操作的前提条件。

结晶的方法一般有两种：一种是蒸发溶剂法，将溶剂加热蒸发，使溶液的浓度增加而达到过饱和而结晶，它适用于温度对溶解度影响不大的物质；另一种是冷却热饱和溶液法，通过冷却降温使溶液达到过饱和而结晶，此法适用于温度升高，溶解度也增加的物质。

（6）沉降

由于分散相和分散介质的密度不同，分散相粒子在力场（重力

中暑急救要领：

立即将病人移到通风、阴凉、干爽的地方

场或离心力场）作用下发生的定向运动。沉降的结果使分散体系发生相分离。可利用悬浮在流体（气体或液体）中的固体颗粒下沉而与流体分离。利用悬浮的固体颗粒本身的重力而获得分离的称之重力沉降，利用悬浮的固体颗粒的离心力作用而获得分离的称之离心沉降。

在化工生产过程中主要利用沉降原理来进行液-固分离和气-固分离。

（7）过滤

过滤是用一种具有很多毛细孔道的物体作为过滤介质，在过滤介质的两侧压力差的推动下，使被过滤的液体从介质的毛细孔道中通过，而将悬浮在液体中的固体微粒截留，达到分离固液两相的目的。它是利用机械的方法将固体物料中水分（或溶剂）除去，能量消耗较少，但不能将固体物料中的水分（或溶剂）完全除去。过滤操作是分离悬浮液的最普遍和有效的单元操作。过滤的基本原理是在压力差的作用下，悬浮液中的液体（或气体）透过可渗性介质（过滤介质），固体颗粒被介质所截留，从而实现液体和固体的分离。常用的过滤方法可分为重力过滤、真空过滤、加压过滤和离心过滤几种。

（8）干燥

干燥是用加热的方法使固体物料中的水分（或溶剂）汽化从而达到除去固体物料中水分（或溶剂）的目的。这种去湿方法能够有效除去物料中的水分（或溶剂），但在操作过程中有汽化的过程，因此能量消耗较大。

干燥的基本原理是利用热能使物料加热，汽化物料中的水分（或溶剂），从而达到去除水分（或溶剂）的目的。除去物料中的水分（或溶剂）需要消耗一定的热能，按热能传给湿物料的方式可分为传导干燥、对流干燥、辐射干燥和介电加热干燥。

① 传导干燥又称间接加热干燥，热能是以传导的方式通过金属壁传给湿物料，使水分（或溶剂）汽化达到干燥的目的。这种干

燥方式热能利用率高，但物料易过热变质。

② 对流干燥又称直接加热干燥，载热体将以对流的方式传给与其接触的湿物料，使水分（或溶剂）汽化并被周围的气流带走。这种干燥方式，物料不易过热，但热能利用率较低。

③ 辐射干燥的热能是以电磁波（红外线）的形式由发射器发射到湿物料表面，被物料吸收后，使水分（或溶剂）汽化，从而达到干燥的目的。

④ 介电加热干燥是将物料置于高频电场中，由于高频电场的交变作用使物料加热而达到干燥的目的。

在实际生产过程中，通常先用过滤的方法除去物料中的大分水分（或溶剂），然后进行干燥操作，制成合乎规格的产品。

二、确定关键设备

混合物分离的关键设备是在分离过程中起到决定作用的设备，由于分离方法的多样性，不同的分离方法其关键设备也不一样。下面将根据其分离方法确定关键设备。

1. 蒸馏及精馏

蒸馏操作是在蒸馏釜内进行的，可将蒸馏釜指定为关键设备。寻找关键设备的方法同样可通过设备铭牌辨认，也可通过设备外形来确认。在生产过程中蒸馏釜常常会借用于反应釜，也就是说蒸馏釜和反应釜合用一只。但也有专用蒸馏釜，其外形类似于反应釜，见图8-4。精馏塔外形是非常有特色的，很好确认，但易和吸收塔混淆，因为它们的外形是非常相似的，要记住的是精馏塔在塔顶、塔底都是和换热器相连，一般是塔顶有冷凝器塔底有再沸器，而吸收塔一般是没有的。下面是生产过程中常见的一些蒸馏设备。

图8-4 蒸馏釜的外形结构

图8-5为典型的蒸馏装置，这是一个间歇操作过程，混合物在蒸馏釜内被加热汽化和冷凝器冷凝后，通过控制蒸馏头的温度，在接收槽里收集所需要的产品。

用于工业生产的精馏装置称之为精馏塔，因此可将精馏塔确定为精馏操作的关键设备。精馏塔通常是化工企业特别是大型化工企业的标志性建筑，高的精馏塔有一百多米高。精馏操作在化工生产过程中处于非常重要的地位，要得到高纯度的产品就必须有先进的精馏操作技术作保障，但是，有很多因素影响精馏操作，像进料温度、塔釜温度、塔顶温度、回流比、塔内压力等因素对精馏效果、产品质量都有直接影响。图8-6和图8-7为化工生产中的精馏装置。塔釜的旁路装有再沸器用于汽化物料，塔顶蒸汽进入冷凝器冷凝液

图8-5　生产过程中的蒸馏装置

图8-6　生产现场的精馏装置（1）

图8-7 生产现场中的精馏装置（2）

化。精馏塔的外部结构大致相同，内部结构有很多种类，有填料、浮阀、筛板等，但精馏原理和流程都是一样的。

2. 吸收

在认识吸收工艺流程时应将吸收设备指定为关键设备，不同的吸收方式所使用的吸收设备也不一样。物理吸收通常在吸收塔内进行，而化学吸收过程中有化学反应发生，故化学吸收是在反应器内

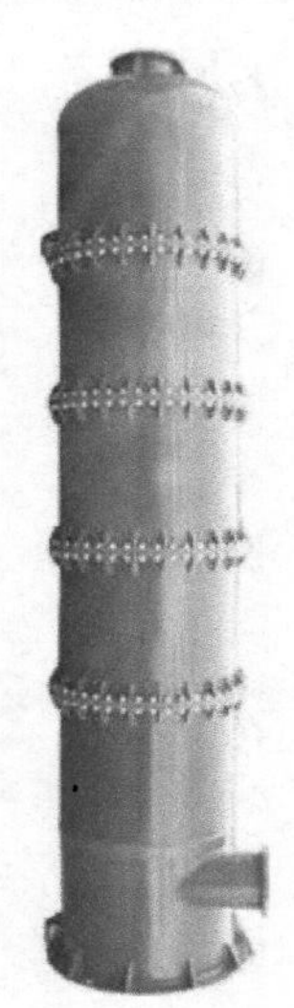

图8-8 吸收塔的外形结构

进行的。寻找关键设备的方法同样是通过设备铭牌辨认和设备外形来确认。吸收塔外形也是很好确认，吸收塔外形和精馏塔差不多，但它的气体进料口通常是在塔底，塔的中部没有物料进出，精馏塔的进料常常是在塔的中部左右，而且精馏塔在塔顶、塔底都是和换热相连，吸收塔是没有的。

下面以物理吸收为例，介绍吸收塔的外形结构，见图8-8。

图8-9为吸收塔的内部结构，该吸收塔为填料吸收塔。

图8-10～图8-13为安装于生产现场的吸收设备。

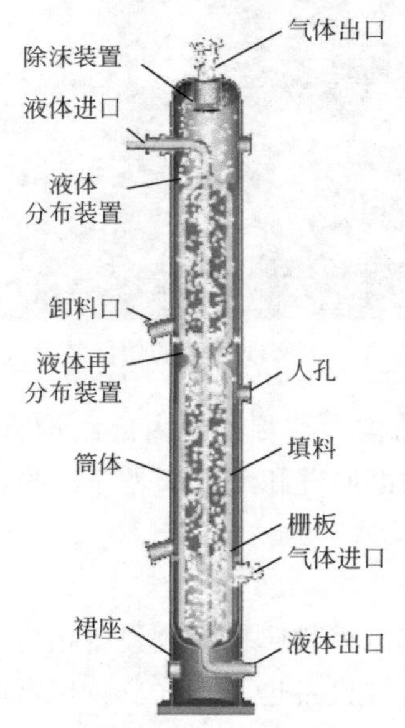

图8-9 吸收塔的内部结构

中毒急救要领：

皮肤中毒或沾到有毒化工原料，应立即用大量的温、冷水冲洗，禁用热水

图8-10 生产现场的吸收塔（1）

图8-11 生产现场的吸收塔（2）

图8-12　生产现场的吸收塔（3）

图8-13　生产现场的降膜式吸收塔

3. 吸附

吸附的关键设备是各种类型的过滤器。由于它们是独立操作单元，因此，寻找这些设备还是比较方便的。同样的也是通过设备铭牌辨认和设备外形来确认。常见的吸附设备外形结构如图8-14、图8-15所示。

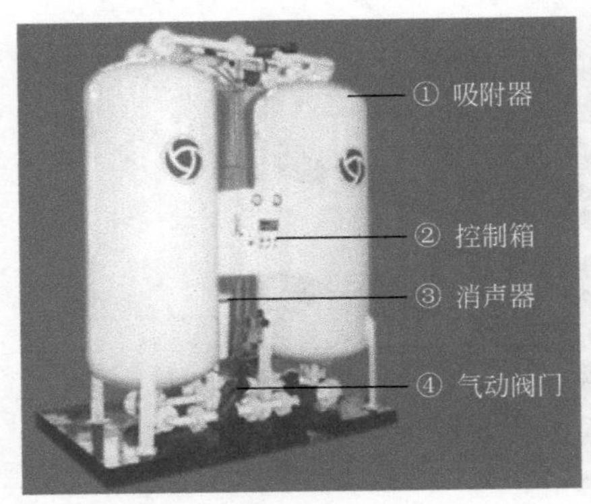

图8-14　吸附器结构

图8-15　生产现场的吸附器

4. 萃取

萃取的关键设备是萃取罐。由于它们是独立操作单元，因此，寻找这些设备还是比较方便的。同样的也是通过设备铭牌辨认和设备外形来确认。常见的萃取设备外形及结构如图8-16～图8-18所示。

图8-16 萃取设备

图8-17 浸泡式萃取设备

5. 结晶

结晶的关键设备是结晶罐或结晶槽。由于它们是独立操作单元，因此，寻找这些设备还是比较方便的。同样的也是通过设备铭牌辨认和设备外形来确认。常见的结晶设备外形结构如图8-19所示。

6. 沉降

沉降的关键设备是各种类型的。由于它们是独立操作单元，因此，寻找这些设备还是比较方便的。同样的也是通过设备铭牌辨认和设备外形来确认。常见的沉降设备如下。

（1）沉降槽

沉降槽是利用重力沉降法进行液-固分离的主要设备，其外形结构如图8-20所示。

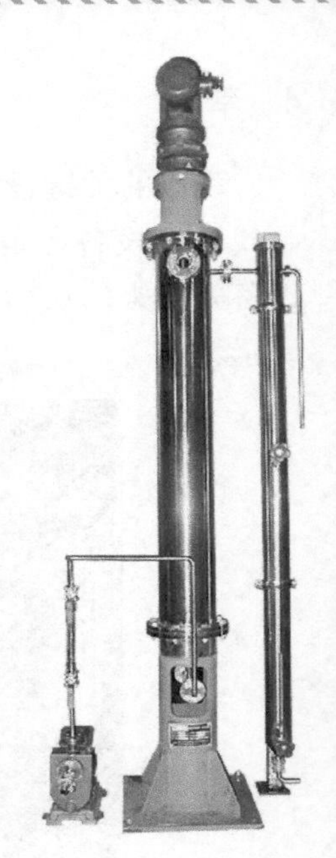

图8-18　萃取机

沉降槽分离的优点有构造简单，处理量大，便于机械化和自动化，沉淀物均匀。缺点是占地面积大，分离效率低。

（2）旋风分离器和旋液分离器

旋风分离器和旋液分离器是最常用的离心沉降设备。旋风分离器和旋液分离器的结构基本相同，它们的主体由圆筒部分和圆锥部分组成，其结构如图8-21和图8-22所示。悬浮物料由进口管沿切线方向进入圆筒部分，呈螺线性旋转而下，形成一次旋流。此时，大部分固体颗粒或液滴在离心力的作用下被甩向器壁，并随旋流沉到锥底而流出，澄清的物料则形成二次旋流，从锥底上升到顶部排除。

旋风分离器和旋液分离器结构简单，制造方面，处理能力大，效率高。缺点是流体阻力大，泵的动力消耗高，对设备的磨损较严重。

创伤急救要领：

尽快冷静下来，逃离危险，摆脱困境，进行自救

图8-19 生产现场的结晶釜

图8-20 沉降槽外形结构

图8-21　旋风分离器

图8-22　旋液分离器

创伤急救要领：

报警和呼救，争取外援

7. 过滤

过滤的关键设备是各种类型的过滤器。由于它们是独立操作单元，因此，寻找这些设备还是比较方便的。同样的也是通过设备铭牌辨认和设备外形来确认。常见的过滤设备如下。

（1）板框式压滤机

板框式压滤机是由滤板、滤框和滤布组成的过滤部分与对过滤部分进行压紧的机架组成。

图8-23为多层板框式压滤机，适用于浓度50％以下、黏度较低、含渣量较少的液体过滤。特点是过滤面积大，流量大，适用范围大。

图8-24为自动压滤机，是一种间歇式的加压过滤机设备，整

图8-23 生产现场的多层板框压滤机

机采用机、电、液一体化设计制造，能够实现自动压紧、过滤、穿流、压榨、松开、拉板等过程，具有自动化程度高，生产能力大，滤饼中含液率低，单位产量高，占地面积小的特点。

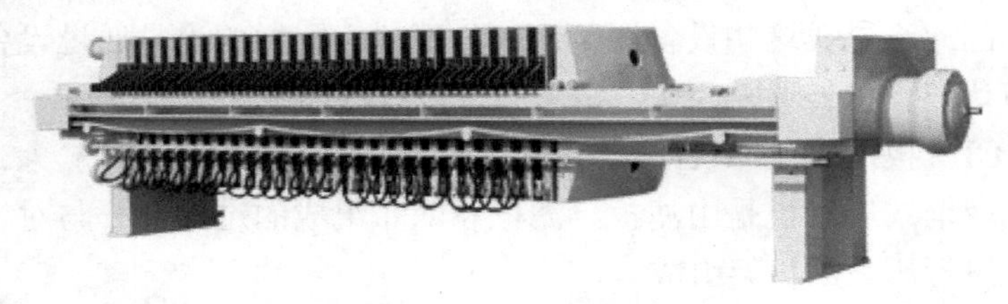

图8-24　自动型压滤机

（2）袋式过滤机

袋式过滤机是一种压力式过滤装置，主要由过滤筒体、过滤筒盖和快开机构、不锈钢滤袋加强网等主要部件组成，滤液由过滤机外壳的旁侧入口管流入滤袋，滤袋本身是装置在加强网篮内，液体

图8-25　袋式过滤机（1）

图8-26　袋式过滤机（2）

渗透过所需要细度等级的滤袋即能获得合格的滤液，杂质颗粒被滤袋拦截。其外形结构如图8-25和图8-26所示。

袋式过滤机主要优点有：滤袋侧漏概率小，有力地保证了过滤品质；袋式过滤可承载更大的工作压力，压损小，运行费用低，节能效果明显；袋式过滤处理量大、体积小，容污量大；更换滤袋十分方便，过滤基本无物料消耗。

（3）离心式过滤机

图8-27为三足离心式过滤机，它是上部人工卸料，结构简单，性能可靠操作维修方便。

图8-28为卧式螺旋卸料离心式过滤机，该机运转平稳，处理能力大，经济效率高，它可在全速运转时对悬浮液进行自动连续地进料、洗涤、脱水和卸料。

图8-27　三足离心式过滤机

图8-28　卧式螺旋卸料离心式过滤机

（4）真空转鼓过滤机

图8-29为真空转鼓过滤机，其有如下特点：过滤效率高，过滤转鼓的转速比同类产品高约1.5倍以上，而滤饼的厚度并不减少。

8. 干燥

干燥的关键设备是各种类型的干燥器。由于它们是独立操作单元，因此寻找这些设备是比较方便的，同样也是通过设备铭牌辨认和设备外形来确认。常见的干燥设备外形、工作原理及结构如下。

图8-29 真空转鼓过滤机

（1）箱式干燥器

箱式干燥器是常压间歇干燥操作经常使用的典型设备，是对流干燥器，小型的叫烘箱，大型的叫烘房，工作原理如图8-30所示，外形结构如图8-31所示。

箱式干燥器的优点是结构简单，制造容易，操作方便，适用范围广。由于物料在干燥过程中处于静止状态，特别适用于不允许破碎的脆性物料。缺点是只能间歇操作，干燥时间长，干燥不均匀，

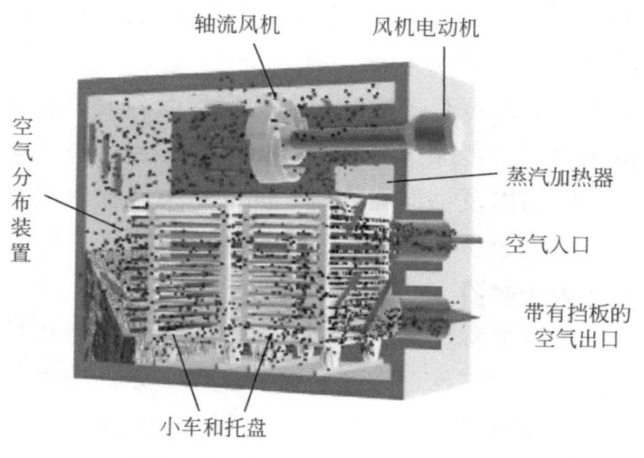

图8-30 箱式干燥器的工作原理

图8-31 烘箱

人工装卸料，劳动强度大等。

（2）气流干燥器

气流干燥器是利用载热空气的快速运动带动湿物料，使湿物料悬浮在热气中，使物料与热空气充分接触，这样强化了干燥过程，提高了传热传质速率。它属于对流干燥器，工作过程如图8-32所示，外形结构如图8-33所示。

气流干燥器的优点有干燥效率高，生产能力大，设备紧凑，结构简单，占地面积小，操作连续而稳定，可完全自动控制，其缺点是由于物料与壁面以及物料与物料之间的摩擦碰撞较多，物料易破碎，粉尘多，不适于易黏结、易燃、易爆和易破碎的物料干燥。

（3）流化床干燥器

流化床干燥器又称为沸腾床干燥器，是固体流态化技术在干燥过程中的应用。它的工作原理是：热气流以一定的速度从干燥器的多孔分布板底部送入，均匀地通过物料层，物料颗粒在气流中悬浮，上下翻动，形成沸腾状态，气固相之间的接触面积大，传质和

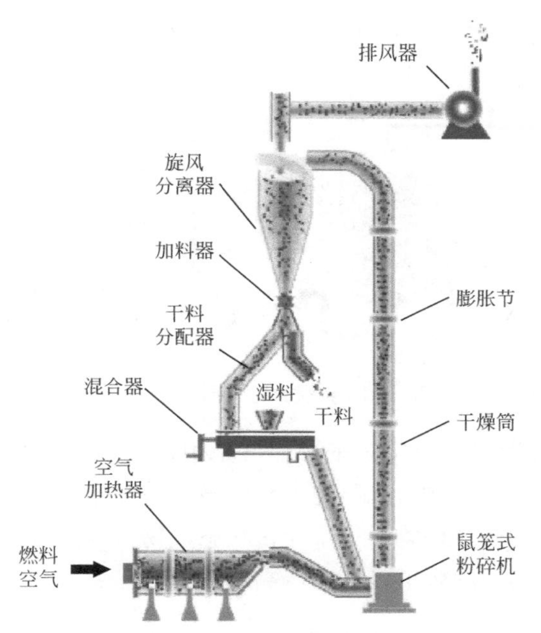

图8-32　气流干燥器的工作过程

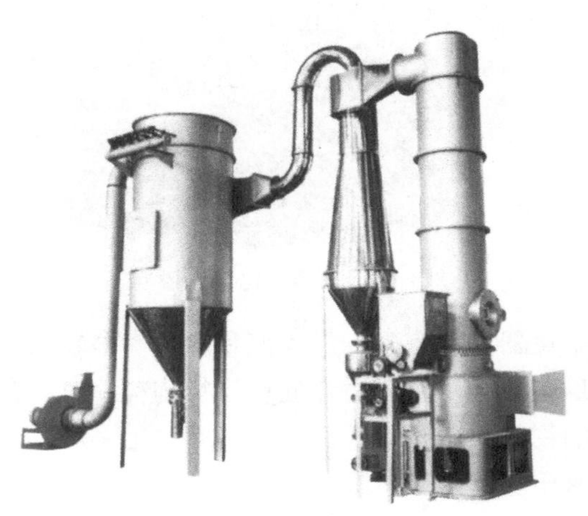

图8-33　气流干燥器

传热速率显著增大，使物料迅速、均匀得到干燥。图8-34为流化床干燥器工作流程示意图。

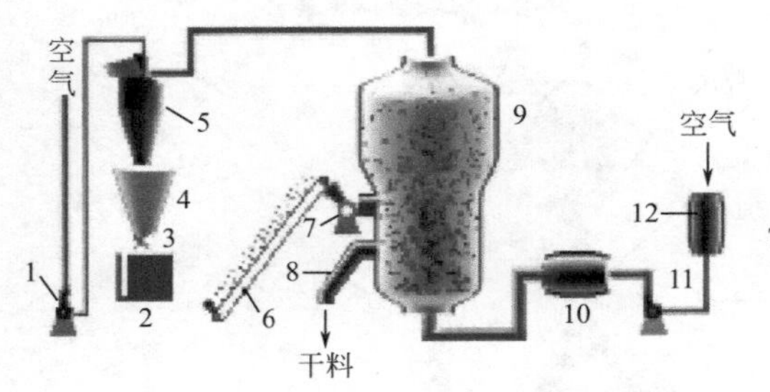

图8-34 流化床干燥器工作过程

图8-35为振动流化床干燥器，是由振动电机产生激振力使机器产生微小振动，物料在给定方向的激振力的作用下跳跃前进，同时床底输入的热风使物料处于流化状态，物料与热风充分接触，从而达到理想的干燥效果。

图8-35 振动流化床干燥器

流化床干燥器的优点是干燥程度和热效率多较高，空气流速较小，物料的磨损较轻，主要适合处理粒状物料，对易黏结、成团和含水量较高的物料不适用。

（4）喷雾干燥器

喷雾干燥是用喷雾器将液状的稀物料喷成细雾滴分散在热气流

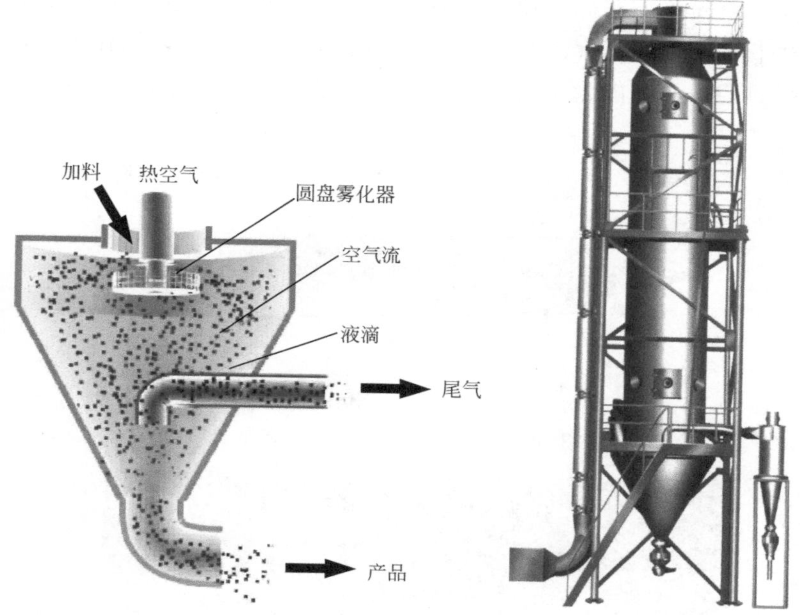

图8-36 喷雾干燥器的工作原理

图8-37 喷雾干燥器

中，使水分迅速蒸发而达到干燥的目的。其工作原理如图8-36所示，外形结构如图8-37所示。

喷雾干燥器的优点是干燥时间极短，适用于含水量在75%～80%以上的浆状物料或乳浊液物料，操作稳定，可连续生产。缺点是设备的容积较大，能耗高，热效率低。

（5）真空干燥器

真空干燥是利用较低温度，在减压下进行干燥以排除水分，适用于在100℃以上温度下容易变质及含有不易除去结合水的物料。

图8-38和图8-39为真空耙式干燥器的工作原理和安装于工作现场的真空耙式干燥器。它是将被干燥物料从壳体上方正中间加入，在不断正反转动的耙齿的搅拌下，物料轴向来回运动，与壳体内壁接触的表面不断更新，受到蒸汽的间接加热，耙齿的均匀

搅拌，粉碎棒的粉碎，使物料表面水分更有利的排出，汽化的水分经干式除尘器去除。真空耙式干燥器具有结构简单，操作方便，使用周期长，性能稳定可靠，蒸汽耗量小，适用性能强，产品质

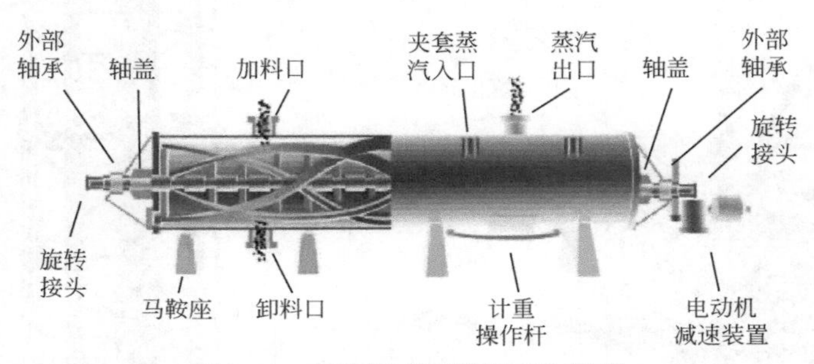

图8-38　真空耙式干燥器工作原理

图8-39　生产现场的真空耙式干燥器

量好的特点。特别适用于不耐高温、易燃、调温下易氧化的膏状物料的干燥。

图8-40为真空干燥机，在减压的条件下，水分不断汽化并被真空抽出。

图8-41为双锥回转真空干燥器，是集混合干燥于一体的新型干燥机。它是将冷凝器、真空泵与干燥机配套，组成的真空干燥装置。

图8-40　真空干燥机

图8-41　双锥回转真空干燥器

图8-42为转筒干燥器，它的主体是略带倾斜并能回转的圆筒体。物料进入圆筒时，与通过筒内的热风接触而被干燥。干燥后产

品在另一端下部出料。

图8-42　转筒干燥器

三、确定物料的走向

1. 蒸馏

蒸馏操作过程的物料走向大致是物料通过物料输送系统进入蒸馏釜，低沸物从釜的上部排出进入冷凝、冷却器后进入低沸点产品储罐，釜内物料经冷却后进入高沸点产品储罐。精馏操作过程的物料走向是物料进入精馏塔后，低沸物从塔顶排出进入冷凝、冷却器后部分从塔顶进入精馏塔进行回流操作，其余进入低沸点产品储罐，高沸点物料从塔底排出经冷却后进入高沸点产品储罐。

2. 吸收、吸附和萃取

吸收、吸附和萃取操作过程的物料走向是大致相同的，混合物料进入吸收设备后和吸收剂或吸附剂相接触，没有被吸收或吸附的物料从吸附设备的上部排出，吸收、吸附液混合物从吸收、吸附设备的下部排出，是一个连续操作过程。

3. 结晶、沉降、过滤、干燥

结晶、沉降、过滤、干燥等操作过程都是单一设备独立操作单元，物料的走向是比较明了的。

四、绘制工艺流程图

典型精馏操作和吸收操作的工艺流程如图8-43、图8-44所示。

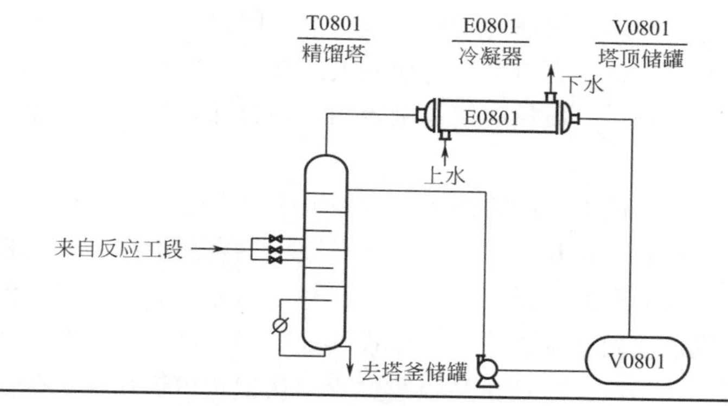

图8-43　精馏操作工艺流程图

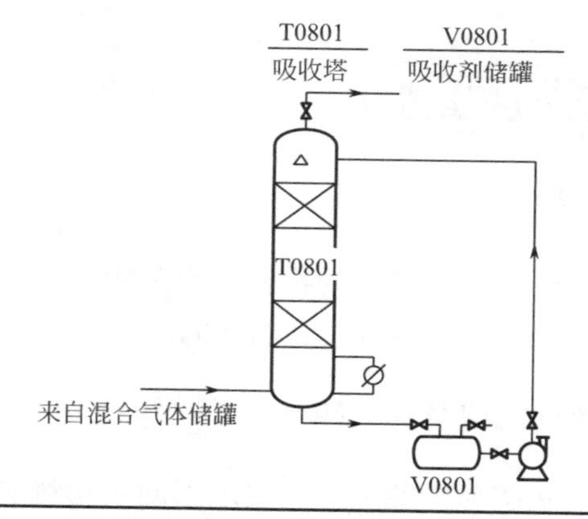

图8-44　吸收操作工艺流程图

第九章 计量、包装工艺流程的认识

计量就是在化工生产过程中对原料、中间产物、产品进行量化的过程。在化工企业中，物料的计量系统是化工生产过程不可或缺的一部分。准确、快速对物料计量，对确保整个化工装置生产过程的安全连续运转，有着非常密切的关系并起着重要作用。在化工生产过程中，物料的质量配比是确定的，只有计量准确了，才能保证配比的恒定。

包装是为便于产品的储运、对外供应而进行的一种操作。

计量和包装是相互联系的，计量过程主要发生在生产过程的始末——开始生产的投料和结束时的出料。因此，对计量工艺流程的认识也应该在两个地方进行，即投料处和出产品处。包装是在生产的最后一个工序。对计量和包装过程的认识也可遵循前面确定的方法和步骤。

一、基本信息的采集

1. 物料信息的采集

主要采集需要计量和包装的物料名称及物化性质，掌握了这些信息对认识计量、包装设备有很大的帮助。

2. 计量和包装方式信息的采集

根据物料的状态和生产工艺的要求不同，物料的计量方式和要求也不同，例如，如果物料是液体，计量要求不高。

忠告：

小问题，要重视；老毛病，要根治

二、确定关键设备

计量工艺流程中的关键设备是用来进行计量的一些计量设备，有计量槽、流量计、计量泵、磅秤等。包装有专用包装机械。确认关键设备的方法主要还是通过设备铭牌来进行辨认，也可通过设备外形来寻找。下面介绍几种常见的计量和包装设备。

图9-1为计量槽，生产过程中常用来对液体物料进行简单的计量，通过液位的高度可以计算出液体物料的量。图中D为计量槽的直径，H为计量槽的圆柱高度，d_1、d_2、d_3分别为上下接口的直径。

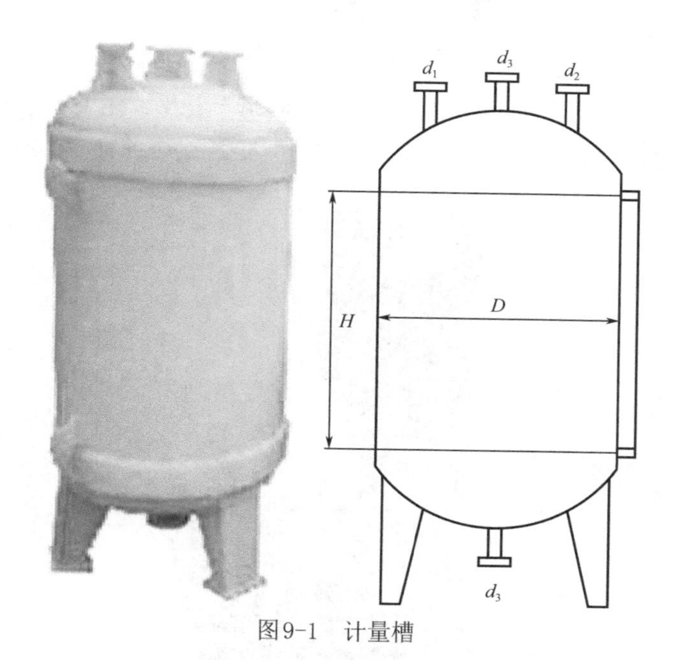

图9-1　计量槽

图9-2为质量流量计，生产过程中常用来对气体物料和液体物料进行精确计量。

图9-2　质量流量计

图9-3～图9-5为计量泵，被广泛应用于石化、化工、电力、水处理及制药等各类工业过程中，主要进行定量输送各种液体原料。

图9-3　柱塞计量泵

图9-4　生产现场的计量泵

图9-5　液压隔膜计量泵

图9-6和图9-7为磅秤，生产过程中常用来对少量的物料进行计量。

图9-8为快速定量给料秤，图9-9为电子皮带秤，图9-10为电子螺旋秤，它们都能对传动过程中的物料进行快速称量。

图9-6 机械磅秤

图9-7 电子磅秤

图9-8 快速定量给料秤

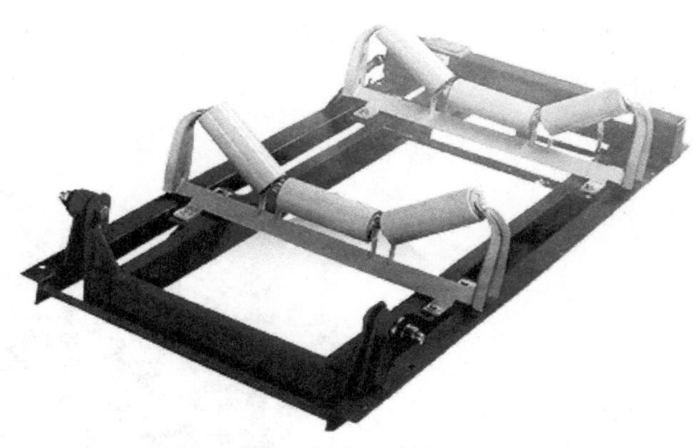

图9-9 电子皮带秤

图9-10 电子螺旋秤

图9-11为电子地磅，生产过程中常用来对大量的固体物料进行计量。

图9-11 电子地磅

图9-12和图9-13为自动定量包装机，通过这种包装机可以对物料进行定量包装。

图9-12　全自动包装机

图9-13　自动定量包装机

图9-14和图9-15为化工厂固体产品的计量、包装装置，通过这种装置可得到定量包装的产品。

图9-14　计量、包装生产装置（1）

图9-15　计量、包装生产装置（2）

三、确定物料的走向

确定计量过程中的物料走向比较简单，如果是利用流量计和计量泵等计量设备来计量，确定其物料的走向类似于流体输送过程中的物料走向确定方法。其他计量过程是一个独立的操作过程，物料走向一目了然。

四、绘制工艺流程图

计量和包装的工艺过程相对来说不复杂，它们都是独立的操作，与其他操作单元联系不大，流程图也比较简单，只要画出进出设备的物料线就可以了。

第十章　化工生产过程控制系统的认识

化工生产过程是根据工艺要求对温度、压力、流量、液位等参数进行控制的过程，控制水平的高低也是衡量化工发展水平的一个重要指标。化工生产过程控制通常分为手动控制和自动控制。

手动控制是操作人员根据观察仪表的相关参数，依靠经验对生产过程进行控制。手动控制的特点是设备投入少、操作简单，但劳动强度大、安全系数小、控制精度低、仅适合在生产过程比较简单、间歇生产、工艺参数控制要求比较低的场合使用。图10-1是现场手动控制柜。

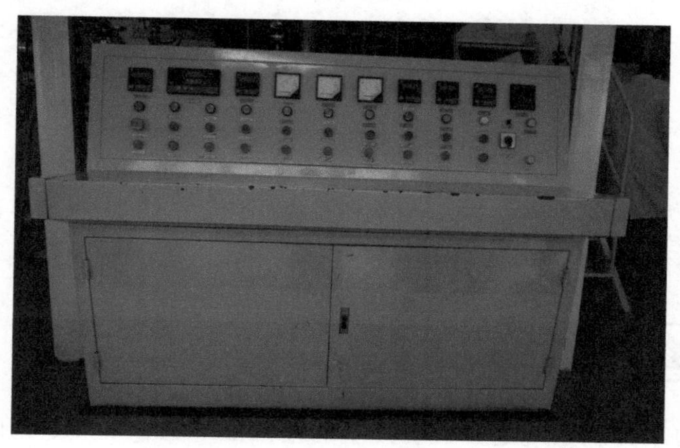

图10-1　现场手动控制柜

自动控制系统是化工控制自动化技术在化工生产过程中的应用，它是运用控制理论、仪器仪表、计算机和其他信息技术对化工生产过程实现检测、控制、优化、调度、管理和决策，从而达到安全生产、提高产品产量和产品质量、降低消耗等目的的技术。自动控制系统的特点是对生产过程进行实时控制，其控制过程复杂、安全系数高、监控参数多且数据变化快、数据处理及存储量大 。在产量大、连续生产、工艺操作条件苛刻的化工生产过程中必须使用自动控制系统。图10-2是化工厂控制室一角。

图10-2　化工厂控制室一角

化工生产过程就是一个过程控制的过程，化工生产离不开过程控制系统，对化工生产控制系统的认识还是从这样几个步骤入手。

一、基本信息的采集

自动控制系统是在人工控制的基础上产生和发展起来的，其主要装置包括测量元件与变送器、控制器、执行器，分别代替了人的眼、脑、手三个器官的功能。图10-3为自动控制系统方块图，图10-4为自动控制系统流程图（举例），图10-5为生产过程中各类仪表之间的关系。自动控制系统的基本信息就是检测器

（测量元件变送器）、控制器和执行器的相关信息。

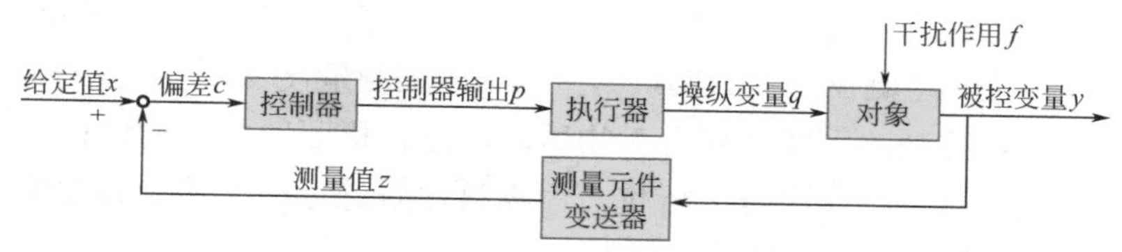

图10-3　自动控制系统方块图

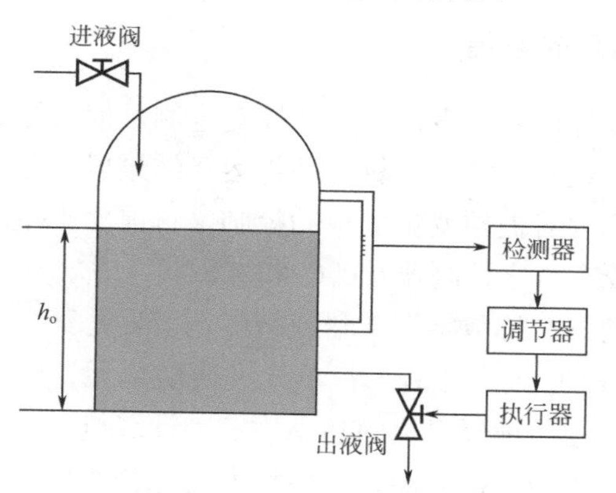

图10-4　储罐液位自动控制系统流程图（举例）

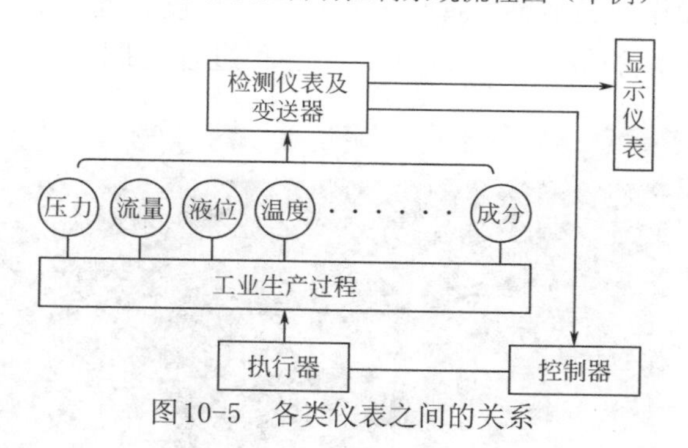

图10-5　各类仪表之间的关系

1. 检测器信息的采集

依据所测参数的不同，检测器可分成压力（包括差压、负压）

检测仪表、流量检测仪表、物位（液位）检测仪表、温度检测仪表、物质成分分析仪表及物性检测仪表等。温度、压力、流量和物位（液位）检测仪表见第三章第三部分化工测量仪表。

在线控制的系统中还有对物质浓度进行检测的如气相色谱仪、液相色谱仪等物质成分分析仪，对物料性质进行检测的如黏度计、射光率、酸度计等物性检测仪表。

2. 控制器信息的采集

控制器或称控制仪表，它将被控变量测量值与给定值相比较后产生的偏差，进行一定的运算，并将运算结果以一定信号形式送往执行器，以实现对被控变量的自动控制。目前化工生产过程中使用的控制器主要有数字控制器、PLC 和DCS。

数字控制器又称数字调节器或智能调节器，其主要组成部件有微处理器(MPU)单元、过程I/O单元、通信单元、面板单元、硬手操单元等。作为一种仪表化的超小型控制计算机，数字调节器采用了传统仪表面板的人机界面，使现场人员无需接受大量培训接受就可以顺利操作；又能够发挥计算机在运算速度、处理能力方面的优势，采用丰富的算法灵活地应用于各种过程控制系统。图10-6是

图10-6 安装于控制柜上的数字控制器

忠告：
你对违章讲人情，事故对你不留情

安装在控制柜上的数字控制器。图10-7是手动控制和自动控制并存的控制柜。

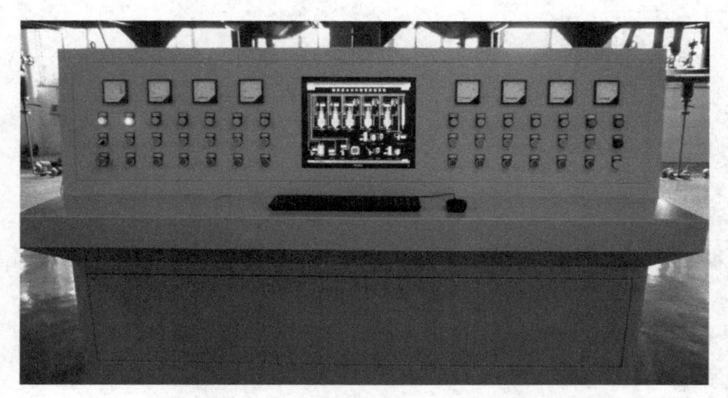

图10-7 手动控制和自动控制并存的控制柜

PLC是可编程序控制器(Programmable Logical Controller)，简称PLC,它是以微处理器为核心，综合了计算机技术、自动控制技术和通信技术的一种工业自动控制装置。它的主要特点是体积小、功能强；工作可靠，运行速度快；积木式结构，组合灵活；具有良好的兼容性；程序编制及生成简单、丰富；网络功能强。 PLC系统能很好地完成工业实时顺序控制、条件控制、计数控制、步进控制、模/数(A/D)和数/模(D/A)转换、数据处理、通信联网、实时监控等功能。

DCS是分散控制系统(Dist ributed Control System)的简称，国内一般习惯称为集散控制系统。它是一个由过程控制级和过程监控级组成的以通信网络为纽带的多级计算机系统，综合了计算机(Computer)、通讯(Communication)、显示(CRT)和控制(Control)的4C技术，它采用危险分散、控制分散，而操作和管理集中的基本设计思想，以多层分级、合作自治的结构形式实现控制。DCS具有控制能力强、可靠性高、操作简单等特点。

图10-8是PLC和DCS的控制界面。

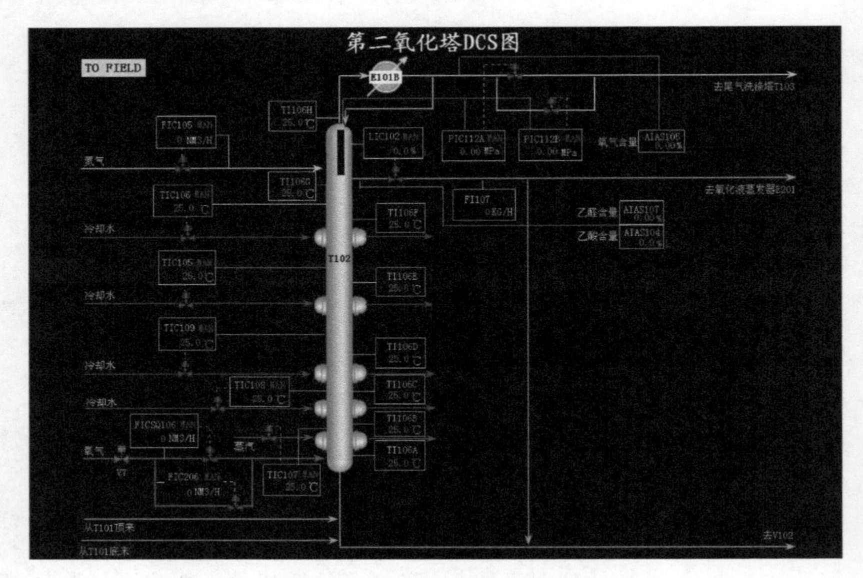

图10-8　PLC和DCS的控制界面

3. 执行器信息的采集

执行器是自动控制系统的终端执行部件。执行器的作用：接受控制器送来的控制信号，并将其转换成相应的角位移或直行程位移，以操纵介质的流量，从而实现对被控变量的控制，常被称之为实现自动化的“手脚”。执行器按使用能源形式的不同可分为气动、电动、液动三种，它们阀门结构都是一样的。

气动执行器：压缩空气作为能源，0.02～0.1MPa的标准气压信号。优点：结构简单、动作可靠、平稳、输出推力较大、维修方便、防火防爆，价格低。缺点：响应时间长，滞后大，不适宜远传(150m以内)，不能与数字装置连接。广泛应用于石油、化工、冶金、电力等部门，特别适用于具有爆炸危险的石油化工生产过程。图10-9是气动薄膜单座调节阀结构图，图10-10是安装于生产现场的电磁流量计和气动调节阀。

忠告：
安全来自长期警惕，事故源于瞬间麻痹

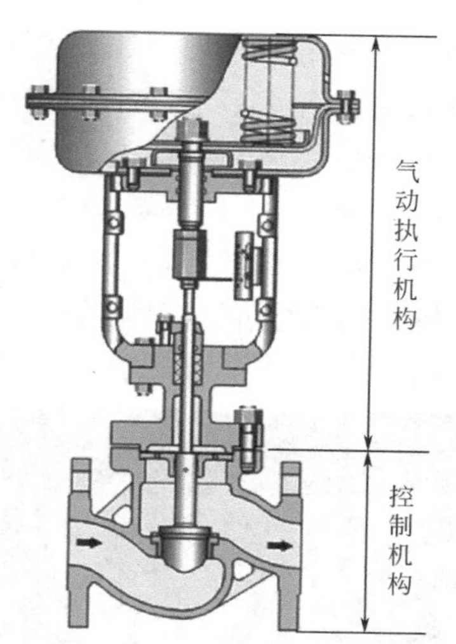

图10-9　气动薄膜单座调节阀结构图

图10-10　生产现场的电磁流量计和气动调节阀

电动执行器：电源作为能源，4～20mA-DC连续信号和断续的开关信号。优点：动作较快、能源获取方便，特别适于远距离的信号传送，便于和数字装置配合使用等。缺点：输出力较小、价格贵，推动力小，一般来说电动执行器不适合防火防爆的场合。但如果采用防爆结构，也可以达到防火防爆的要求，且一般只适用于防爆要求不高的场合。图10-11是安装于生产现场的电动调节阀和金属转子流量计。

液动执行器：利用高压液体作为能源，很少使用。

图10-11 生产现场的电动调节阀和金属转子流量计

二、确定化工生产控制方案

实现化工生产自动控制的方法就是控制方案，体现在对温度、压力、流量、液位等参数的控制。下面就是化工生产过程中常见的一些控制方案。

忠告：

留意多一点，问题少一点

图10-12是通过调节阀改变储槽出口流量来控制储槽的液位。

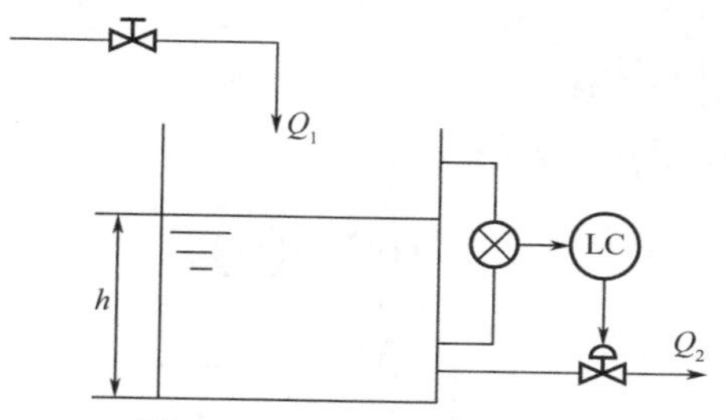

图10-12 储槽的液位控制

图10-13是通过调节阀来直接控制离心泵出口流量。特点：简便易行、应用广泛，机械效率较低，特别是在阀门开度较小的时候，阀上的压降较大，即功率损耗很大，因此不宜使用在出口流量小于正常流量30%的场合。注意本控制方案仅适用对离心泵出口流量的控制。

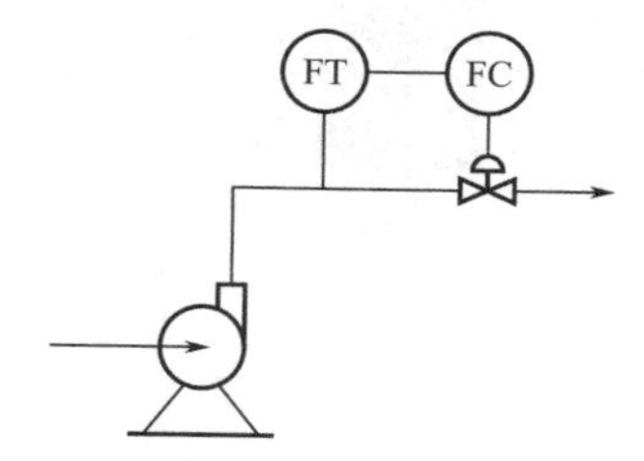

图10-13 输送泵出口流量的控制（1）

图10-14是通过调节阀对旁路流量的调节来控制泵的出口流量，该控制方案适合所有输送泵，容积式泵必须采用这种控制方法。特点：旁路阀前后的压差很大，所以阀门口径往往较小，工程实施较方便。但由于有部分回流的高压液体，能量将消耗于旁路阀上，所以该控制方案的机械效率较低。

图10-15是通过改变输送泵电机频率从而调节电机的转速以达到对输送泵出口流量的控制。本控制方案的特点是节能，适合所有类型的输送泵。

图10-16是换热器的单回路控制，通过改变载热体流量控制被控介质的出口温度，结构简单，实施方便，使用范围广泛，一般适用于出口温度对载热体的流量的变化反应较灵敏、载热体入口的压力平稳而且负荷变化不大的场合。

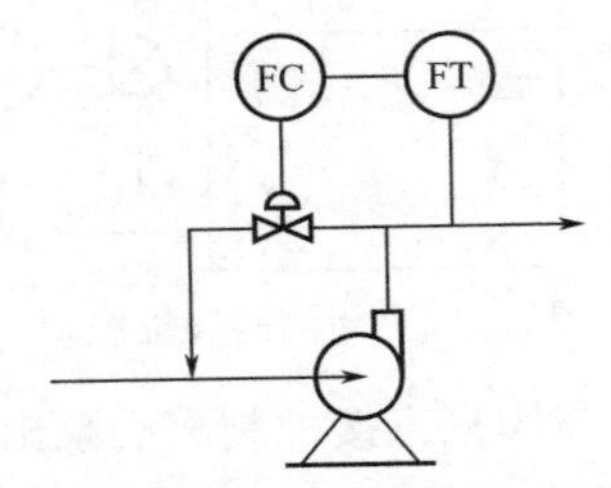

图10-14　输送泵出口流量的控制（2）

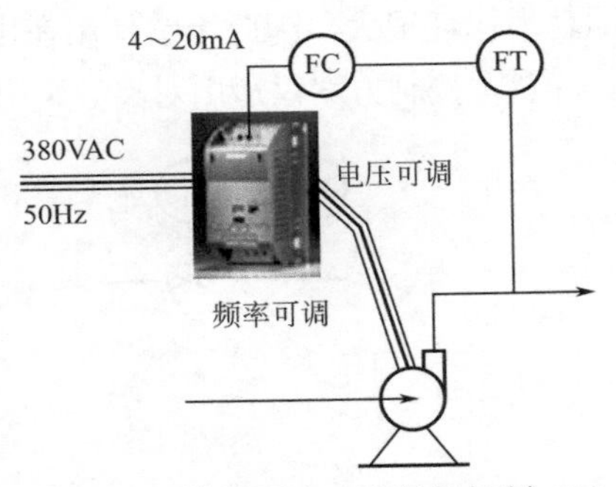

图10-15　输送泵出口流量的控制（3）

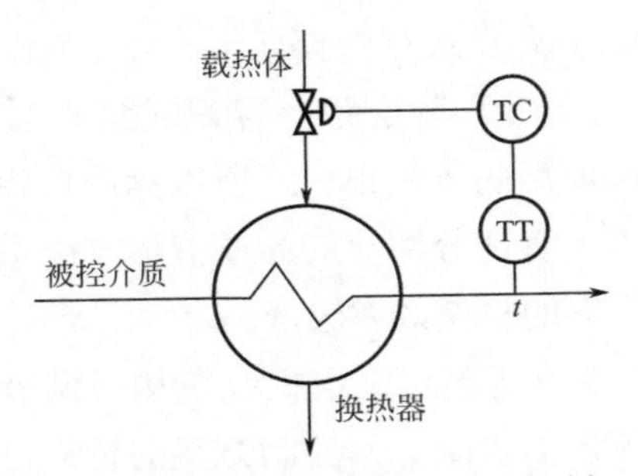

图10-16　换热器物料出口温度的控制（1）

图10-17是换热器的单回路控制，是通过改变被控介质流量来控制被控介质的出口温度，其特点是结构简单，实施方便，使用方程广泛，一般适用于出口温度对被控介质的流量的变化反应较灵敏、被控介质入口的压力平稳而且负荷变化不大的场合。

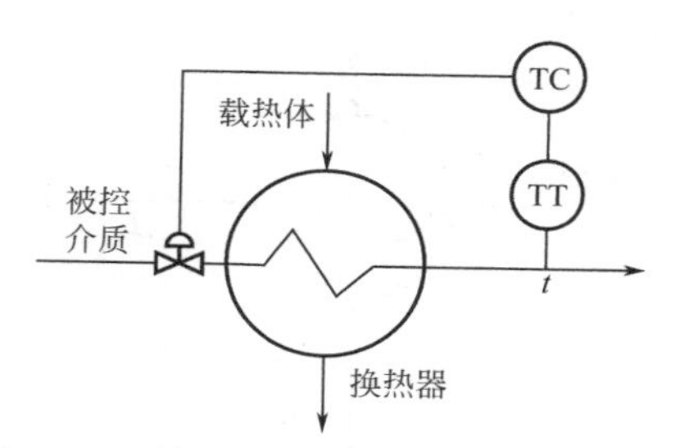

图10-17 换热器物料出口温度的控制（2）

图10-18是换热器的串级控制，如果载热体入口的压力波动较大，往往还需要对载热体另设稳压控制，或者采用以被控介质的温度为主变量，以载热体的流量（或压力）为副变量的串级控制。

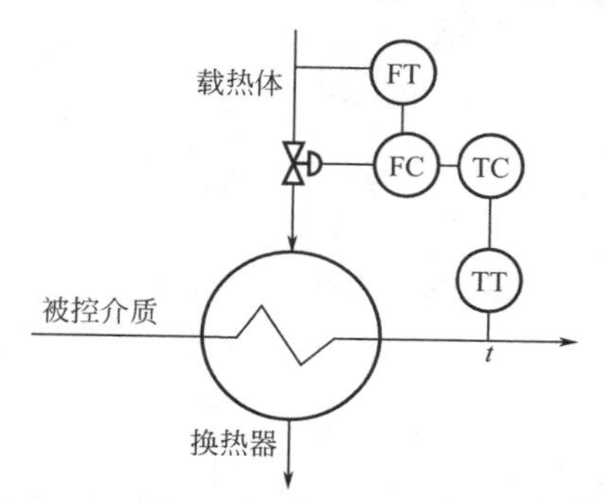

图10-18 换热器物料出口温度的控制（3）

图10-19是通过调节换热器冷凝液的液位来改变换热面积达到控制出口温度的目的。特点：存在滞后问题，控制品质较差。

图10-20是温度-液位串级控制，通过被控介质的出口温度和冷凝液的液位调节冷凝液的排出量来改变换热面积达到控制出口温

度的目的。

图10-21温度-流量串级控制，通过改变被控介质的出口温度和蒸汽的流量（或压力）调节冷凝液的排出量来改变换热面积达到控制出口温度的目的。

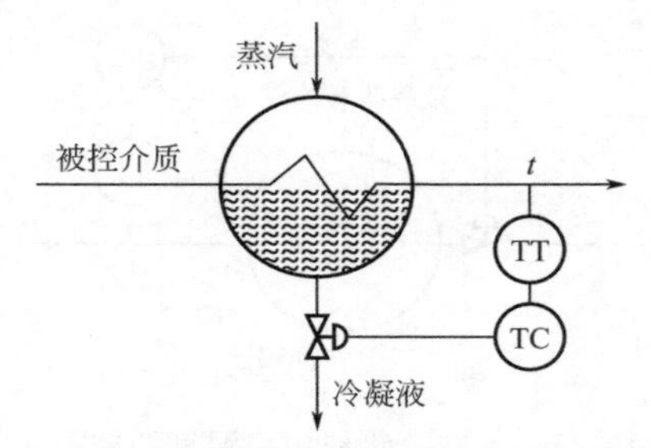

图10-19　有相变过程换热器物料出口温度的控制（1）

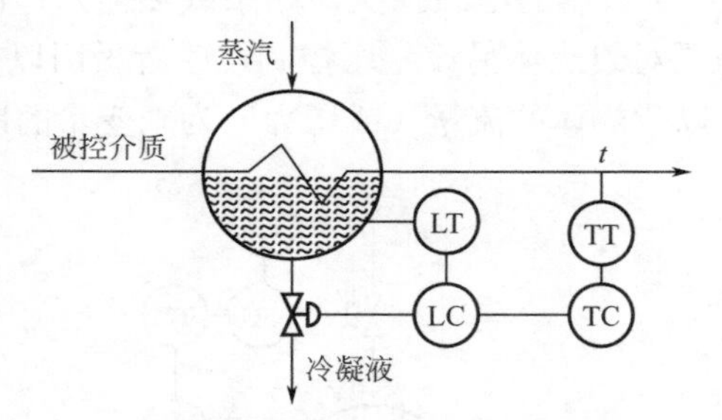

图10-20　有相变过程换热器物料出口温度的控制（2）

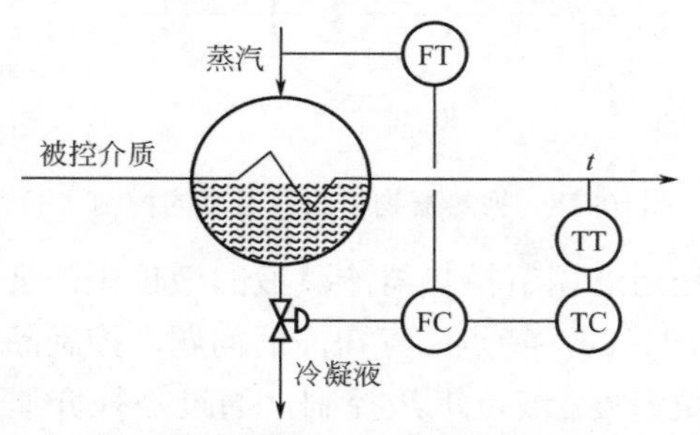

图10-21　有相变过程换热器物料出口温度的控制（3）

图10-22用进料温度控制釜温，通过改变载热体流量控制进料温度，达到对反应釜温度的控制。特点是这种控制方法简单，但局限性较大。

图10-23用载热体流量控制釜温。直接改变载热体的流量来控制釜温，是一种简单、成本低、维护方便、应用范围最广的控制方案。

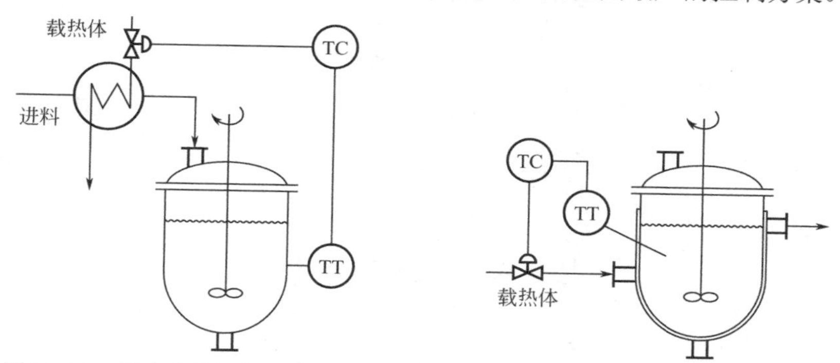

图10-22　反应釜釜温的直接控制（1）　图10-23　反应釜釜温的直接控制（2）

图10-24为载热体流量-釜温串级控制，图10-25反应釜夹套温度-釜温串级控制，图10-26釜压-釜温串级控制。串级控制能改善直接控制产生滞后的困扰。

图10-27是精馏塔精馏段温度控制的方案示意图，它是采用以精馏段温度作为衡量质量指标的间接指标，而以改变回流量作为控制手段的方案。

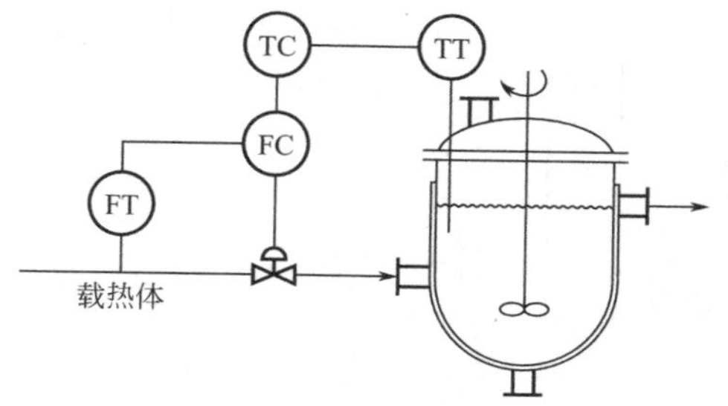

图10-24　反应釜釜温的串级控制（1）

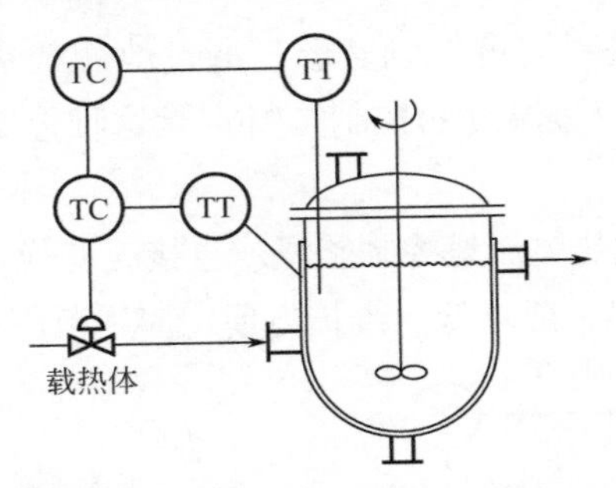

图10-25 反应釜釜温的串级控制（2）

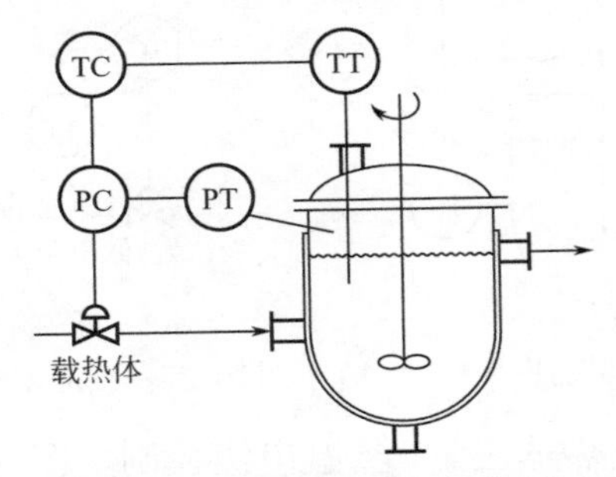

图10-26 反应釜釜温的串级控制（3）

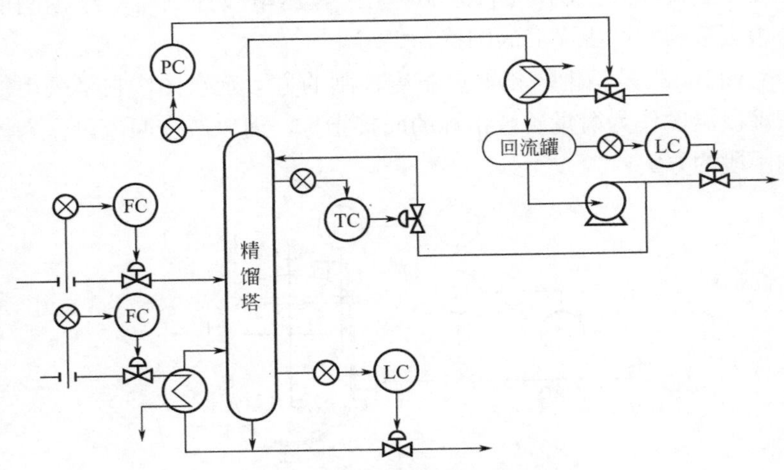

图10-27 精馏塔精馏段的温度控制

图10-28为精馏塔提馏段的温度控制示意图，它是采用以提馏段温度作为衡量质量指标的间接指标，而以改变再沸器载热体流量作为控制手段的方案。

图10-27和图10-28实际上是精馏塔操作的整个控制方案，包括了塔釜的液位、回流罐液位、塔顶的压力、进料的流量、载热体流量、塔顶回流量以及精馏段和提留段温度的控制。

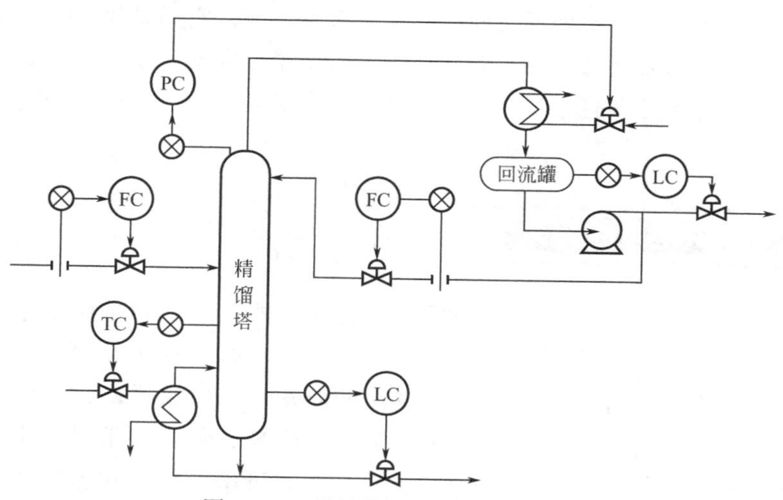

图10-28 精馏塔提馏段的温度控制

三、绘制带控制点的工艺流程图

控制点流程图的画法见“第十二章 化工工艺流程图画法简介”。

第十一章　公用工程系统简介

任何化工装置的正常生产运行，都需要有公用工程的几个或多个系统参与。通常包括供电、供水、供风（仪表空气、压缩空气）、供气、供氮和污水处理及原料储运等多个方面，它们是化工装置正常生产的必要条件。为了对化工生产有一个全面的认识，为以后进入化工生产行业打下一个坚实的基础，有必要对化工生产的公用工程系统做一个简单的介绍。

一、供电系统简介

供电系统是对化工生产提供电力保障的系统。由于化工生产企业加工的介质多是易燃易爆、高温高压，有的存在着剧毒和腐蚀，这些均对企业供电提出了更高的要求。一般来说，化工厂的用电都由两个独立的电源供电。为了更合理、科学地用电，化工生产企业根据各生产装置的重要性、其对供电可靠性和连续的要求、中断供电时对生产装置的影响等因素来对化工生产装置用电负荷进行分级。划分为0级负荷（保安负荷）、1级负荷（重要连续生产负荷）、2级负荷（一般生产连续负荷）及3级负荷（一般负荷）。

1. 0级负荷及供电要求

① 当供电中断时，确保安全停车的自动程序装置及其执行机构和配套装置。如生产装置的DCS、仪表、继电保护装置、关键物料进、出及排放阀等。

② 当生产装置供电中断时，为确保迅速终止设备的化学反应，

而设备内的反应物料又不能或不宜立即排放时，需迅速加入阻止其化学反应所需要助剂的自动投料和搅拌设备及化纤生产中的喷丝机头电加热器等。

③ 大型关键机组在停电后的惰性过程中，保证不使设备发生损坏的保安设施，润滑油泵等。

④ 为确保安全生产、处理事故、抢救撤离人员，生产装置所必须设置的应急照明、通信、火灾报警等系统。

0级负荷必须由独立的保安电源供电。常用的保安电源主要有直流蓄电池装置、静止型不停电电源装置（UPS）和快速自启动的柴油发电机组三种不停电电源装置。

2. 1级负荷及供电要求

当生产装置工作电源突然中断时，将打乱关键性的连续生产工艺过程而造成重大的经济损失。例如使产品及原料大量报废缺损；催化剂结焦、中毒；物料管线的堵塞，供电恢复后需很长时间才能恢复生产的大、中型生产装置以及确保其正常操作的公用工程的用电负荷。

1级负荷应由两个电源供电。

3. 2级负荷及供电要求

当生产装置工作电源突然中断时，将造成较大的损失。例如电源供电中断将出现减产或停产，恢复供电后，能较快恢复正常生产的生产装置及为其服务的公用工程的用电负荷。

2级负荷宜由两个电源供电，当获得两个电源有困难时，也可由一个电源供电。

4. 3级负荷及供电要求

不属于0级、1级和2级的其他用电负荷。

3级负荷可采用单电源供电。

二、供、排水系统简介

1. 供水系统

化工生产离不开水，在化工企业中水的用途很广，主要有冷却用水、工艺用水、锅炉用水、消防用水、冲洗用水和生活用水等几方面。

水的用途不同，对水质的要求也不同。即使同类的用途，在不同的企业、不同的工艺中对水质的要求差别也很大。供水系统就是对原水进行加工处理，为生产提供各种合格、足量用水的公用工程系统。

供水系统由水的输送和水的处理两方面组成。

水的输送包括原水到水处理装置及水处理装置向各用户的输送，需有水泵、输水管线及必要的储水设施及相应的回水系统。它的工艺流程和前面介绍的流体输送工艺流程是一样的，只不过流体是规格不同的水。

水处理的内容很多，根据原水及用水水质的不同有许多工艺方法，但就其实质而言有两个方面内容，一是去除水中杂质的处理，二是对水质进行调整的处理。

天然水总是含有大量的杂质，不能直接使用。这些杂质有悬浮性固体和溶解性固体两大类。除去悬浮性固体采用混凝、沉淀、过滤等方法，以降低水的浊度为主要目标，这个过程计之为水的预处理。经过预处理得到的水可作为补充循环冷却水、消防用水、某些工艺用水及对水质要求不高的其他用水。除去水中的溶解性固体最常用的离子交换法，也可以采用电渗析、反渗透等其他方法。如果只是除去水中的硬度离子而不需要去除其他离子叫做水的软化。软化水可用于低压锅炉、某些工艺及补充循环冷却水等。高、中压锅炉及某些特殊的工艺要求高纯度的水，也就是除盐水。除盐处理是供水系统中最深层次的处理，需要用特殊的工艺来进行。

2. 冷凝水系统

冷凝水系统是为了节约用水、保护环境和降低水处理成本而建立的水回收系统。化工厂的冷凝水有两类，一类是蒸汽冷凝而得到的水，它来自透平和蒸汽管网；一类是工艺冷凝水，它来自生产工艺过程。

直接冷凝水受到的污染小，杂质少，经过过滤处理后可直接作为软化水用，而工艺冷凝水受到的污染较严重，并且其杂质成分随工艺的不同而不同。污染成分复杂的冷凝水回收利用较困难，而污染成分较简单的冷凝水进行回收利用是完全可能的。

3. 排水系统

有用水必有排水，化工企业的排水一般是按质分流的，即有清、污两个排水系统。一部分水经使用后受到严重污染，含有污染物的浓度超过环保规定的指标，需要送至污水处理装置进行处理。将这部分水进行收集、输送、处理，这就是污水排放系统。另一部分水经使用后受到的污染较轻，直接排放并不污染环境，例如普通生活废水、冷却系统排放水、雨水等。将这部分水收集、输送、排放的系统就是清水排放系统。在日常运行中清、污两个排放系统必须独立，不得相互串通。

三、供风系统简介

化工装置，特别是大中型化工装置，作为公用工程辅助系统，需要大量的压缩空气由装置专设的供风系统提供。其压缩空气一般为特别净化的压缩空气和非净化压缩空气，前者严格要求空气中的含湿量（露点温度）、含油和含尘量，此类空气多用于仪表控制系统（又称为仪表风）及物料的输送等。后者一般用于装置其他的辅助需要，常称为压缩风。为保证供风系统送出的压缩空气质量，化工装置的供风系统通常选用无油润滑的空气压缩机组，按装置需用量连续不断地提供压力约为0.8MPa（A）的压缩空气。

1. 空气压缩机组

空气压缩机组是供风系统的核心设备，是提供公用空气的气源。为减轻后处理的繁杂，一般中小型供风系统最广泛采用的是二级螺杆式无油润滑的空气压缩机或二级无油润滑式活塞压缩机，在大型供风系统中，则采用离心式大风量空气压缩机。为了保证供风系统的正常运行，供风系统中的压缩机一般都有备机，以防止因供电等意外原因中断造成压缩机停车，使化工装置的供风系统中断，危及整个装置安全生产。因此，供风系统除设有一定容量的空气储罐外，在一些单系列、大型化工装置中使用的以电力驱动的空气压缩机电源供应上，还安装有自动启动的柴油事故发电机组，以应对这类特需用电设备的供电。

2. 仪表空气

仪表空气（仪表风）是化工装置的仪表调节控制系统的工作风源。在化工装置中，仪表空气需连续稳定供应，不能带水和油等杂质，露点温度应小于-40℃。仪表空气带水和杂质，将会造成仪表调节和控制的失灵。

3. 空气干燥装置

为了满足仪表空气低露点的要求，仪表空气干燥多采用吸附剂吸附水分的干燥方法。常用的吸附剂有细孔硅胶、铝胶和分子筛等。依据吸附剂不同的再生方法及空气进入吸附剂前是否预冷去水，仪表空气干燥方法通常分为非加热变压再生吸附型、外鼓风加热换气式再生吸附型、冷冻-吸附组合型等几种。

四、供汽系统简介

化工装置供汽系统是由蒸汽发生部分（气源）和蒸汽输送管网两大部分组成的。其蒸汽发生部分随装置的工艺过程对蒸汽热力参数（温度、压力）的需要、用汽量和工艺过程中热能回收产汽等不同条件而有多种配置，但通常为锅炉产汽或外蒸汽与装置余热回收产汽（废热锅炉）等几种不同形式组合。

为了满足化工装置对多个等级蒸汽参数的需要及提高蒸汽的热工效率，锅炉产出的蒸汽多是以高温、高压参数输出的。

蒸汽管网的任务则是将这种高温、高压的蒸汽安全和有效地提供给装置内经过优化的各等级蒸汽用户，保证各等级蒸汽管网温度、压力稳定。

五、供氮系统简介

氮气在化工装置中主要有两方面的用途，一类是各工艺过程用氮（工艺氮），直接作为化工生产的原料，如用于氨的合成及氮洗等工艺过程；另一类是为公用氮气，在化工装置中主要用作惰性气体使用，在普遍存在可燃可爆物质的石油和化工装置中，对防止爆炸、燃烧，保证安全生产具有重要的辅助作用。在装置引入可燃可爆的物料前，必须使用符合要求的氮气对系统设备、管道中的空气予以置换，并按照要求使系统内氧含量降至0.2%～0.5%（体积分数）。装置停车后，当系统设备及其所装还原类催化剂需要裸露和设备、管道需要进行动火检修时，也需使用氮气进行降温和对其中所存在可燃可爆物质进行置换至符合要求。此外，公用氮气还用于需还原催化剂的前还原过程速度控制（稀释还原气体），催化剂停用期间的防氧化保护，易燃烧粉粒物料的氮气输送，离心式压缩机等油封和油储罐等气封，火炬分子封及一些需要热氮循环干燥和氮循环升温开车等许多场合。

化工装置的氮气来源通常由生产装置对氮气使用目的、需用量和纯度等方面的因素而决定。以工艺用氮为例，一个以渣油为原料，日产千吨的合成氨装置，就需要配置制氧量约28000m^3/h的空气深冷分离装置，以同时提供数量巨大的合格氧气和高纯度氮气。而以用作惰性气体为目的的公用氮气，因其用量较小，一般除从设有空气深冷分离装置中抽出一部分供其使用外，也可采用操作比较简单和经济的其他小型制氮装置提供。

六、废水处理系统简介

废水处理就是运用特定的设施和工艺技术，将水中的有毒有害物质转化或分离为无毒无害或有用的物质，使水质得到净化，并使资源得到充分利用的过程。

1. 石油化工废水的来源及特点

石油化工废水的来源主要来自生产过程中的气提、注水、洗涤、冷却、冷凝、储运过程等生产废水及辅助生产系统如化验室、办公室、食堂等排放的污水。

由于石油化工行业是采用物理分离和化学反应相结合的工艺方法，以原油和天然气为主要原料，加工生产国民经济所需要的各类化工产品、工业原料和生活用品。不同的生产工艺、装置规模、原料性质、产品品种及企业现场管理水平等使系统产生的废水质和量上都有较大的差异。因此在处理这些污水时选用的方法也不一样。

2. 污水处理的基本方法

现代废水处理技术按处理程度通常分为一级处理、二级处理和三级处理3类。

（1）一级处理

是指将废水中的悬浮物、漂浮物和部分胶体物质分离出来的过程。主要的处理手段有格栅分离、沉砂、隔油、气浮等物理化学方法，同时一级处理还承担着为二级处理单元调节水质、水量的任务，包括中和、匀质和投加营养盐等。一级处理对废水中COD去除一般在20%～30%之间。

（2）二级处理

是将水体中的溶解态有机物或未处理完的部分胶体物质，主要通过各种生物化学技术得到去除。处理手段包括污泥法、过滤、生物接触氧化法、生物膜法、生物转盘、厌氧处理技术及塘沟技术等。该过程对废水中的COD可去除80%～90%，一般处理后可达到国家规定的排放标准。

（3）三级处理

是在二级处理的基础上，应用各种处理技术对水中难降解物质、微量杂质作进一步处理的过程，处理手段包括混凝沉淀、过滤、生物活性炭、臭氧、离子交换、反渗透、电渗析、超滤等。该工艺的出水一般可达到回用之目的。

第十二章 化工工艺流程图画法简介

化工工艺图是化工科研和工程技术人员用以详细描述化工产品的生产过程与控制要求，所需的设备种类、数量、规格型号和相互之间的关系，以及相关的工艺技术指标与参数的一种可视化语言和工具。它既可作为设计制造与施工安装的法律依据，也可作为与其他专业技术人员交流的技术参考，同时也是供工程技术人员进行系统物料与热量衡算、过程设计与分析，以及过程技术改造和优化的重要技术资料。

化工车间的设计是由多方面的专业技术人员相互配合、密切协作共同完成的。其中，化工工艺人员起主导作用。首先由他们根据确定的产品进行化工工艺设计，拟定出工艺方案，绘出工艺图样，并向其他专业人员提出工艺要求。这时，工艺人员应考虑到其他专业的一些特殊要求并提供方便，其他专业技术人员则应在尽量满足工艺要求的前提下来进行设计。最后，工艺人员还应根据其他专业人员提供的设计资料和图样对原工艺图进行修改和完善，最终完成化工工艺图。

化工工艺图主要包括工艺流程图、设备布置图和管路布置图。在这里主要介绍化工工艺流程图及其绘制方法。

化工工艺流程图是用来表达一个化工厂或化工生产车间工艺流程与相关设备、辅助装置、仪表与控制要求的基本概况，可供化学工程、化工工艺等各专业技术人员使用与参考，是化工企业工程技术人员和管理技术人员使用最多、最频繁的一类图纸。也是即将从事化工生产的技术人员了解化工生产过程的最简单、最直接的工具。所以，在我们认识了化工生产工艺流程后就必须要绘制出化工工艺流程图，更是作为认识、研究化工生产工艺流程的一个主要成果。

化工工艺流程图按其内容及使用目的的不同可分为全厂总工艺流程图（或物料平衡图）、方案流程图、带控制点的工艺流程图及管道与仪表流程图（施工流程图）。

一、全厂总工艺流程图

全厂总工艺流程图（或物料平衡图）主要是用来描述大型联合企业（或全厂）总的概况，可为大型联合企业的生产组织与调度，过程的经济分析，以及项目初步设计提供依据。通常由工艺技术人员完成系统的初步物料平衡与能量平衡计算之后绘制。对于一般的综合性化工厂常计之为物料平衡图。如图12-1所示。

物料平衡图图纸的基本特征为：图面由带箭头的物流线与若干表明车间（工段）以及物料名称的方框构成；方框内需标明车间的名称，在物料线上方需标注物流的种类、来源、流向与流量。

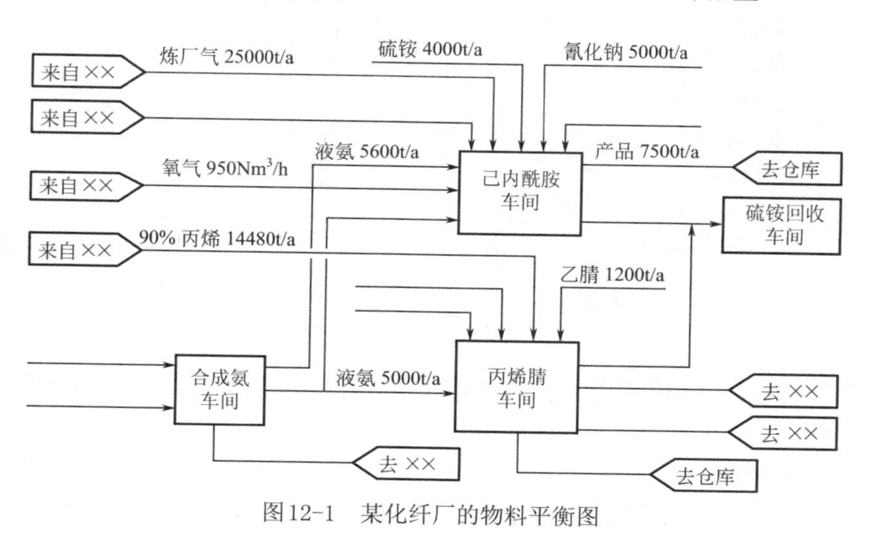

图12-1 某化纤厂的物料平衡图

二、方案流程图

方案流程图又称流程示意图或流程简图，是用来表达整个工厂或车间生产流程的图样。它既可以设计开始时工艺方案的讨论，亦是进一步的施工流程图设计的主要依据。图12-2为合成氨工艺方案流程图。

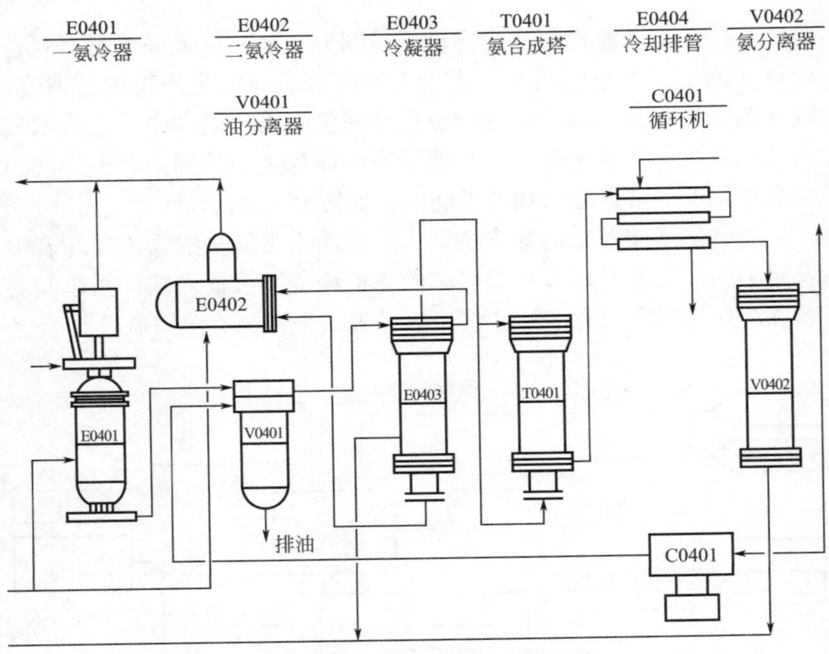

图12-2 合成氨工艺方案流程图

工艺方案流程图是一种示意性的展开图，即按照工艺流程的顺序，将设备和工艺流程线自左到右地展开画在同一平面上，并加以必要地标注与说明。

方案流程图图纸的基本特征为：表达的内容比物流平衡图更为

详细，是实际化工生产过程与系统生产装置的一种示意性展开，主要用以各车间内部的工艺流程，所表达的界区范围较小；常采用图形与表格相结合的形式，按工艺流程次序自左至右展开画出一系列设备的图形和相对位置，并备以物料流程线，同时在流程上标注出各物料的名称、流量以及设备特性数据等；初步设计时，可不加控制点、边框与标题栏，对图幅无特殊要求，也不必按图例绘制，但必须加注名称与位号。

方案流程图的绘制步骤如下。

① 用细实线画出厂房的地平线。

② 根据流程，从左至右用细实线按设备大致的高低位置和近似的外形尺寸，画出设备的大致轮廓，并依次编号，设备的大小一般不按比例，但应保持它们的相对大小。表12-1为管道及仪表流程图上设备的代号与图例，可供绘图时参考。各设备间应留有一定距离，以便布置流程线。在方案流程图中，同样的设备可画一套。对于备用设备可以省略不画。

③ 按实际管道的大致高低位置，用粗实线画出主要物料的流程线，用中实线画出其他介质流程线（如水、蒸汽等），均画上流向箭头，并在流程线的起始与终了处用文字注明物料的名称。对于主要物料还应该注明物料的来源去向。

④ 两流程线在图上相交（实际不相交）时相交处应将其中一条线断开画出。

⑤ 在流程图的上方或下方和靠近设备图形的显著位置列出设备的位号及名称，或可以将设备依次编号，并在图纸空白处按编号顺序集中列出设备名称。但对于流程简单，设备较少的方案流程图，图中的设备也可以不编号，而将名称直接注写在设备的图形上。

表 12-1　工艺流程图的设备代号与图例

设备名称	代　号	图　　例
塔	T	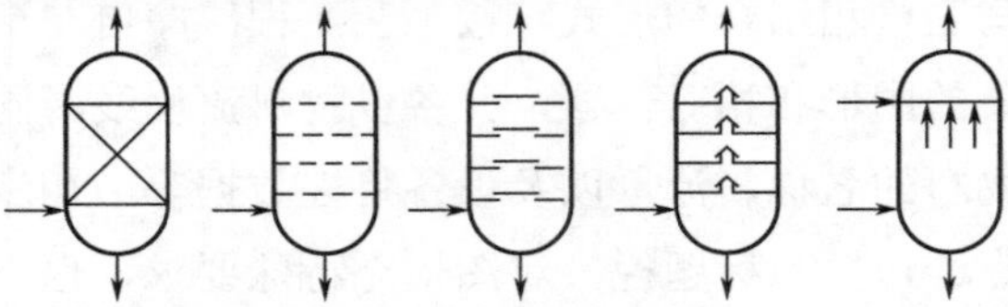 填料塔　筛板塔　浮阀塔　泡罩塔　喷洒塔
泵	P	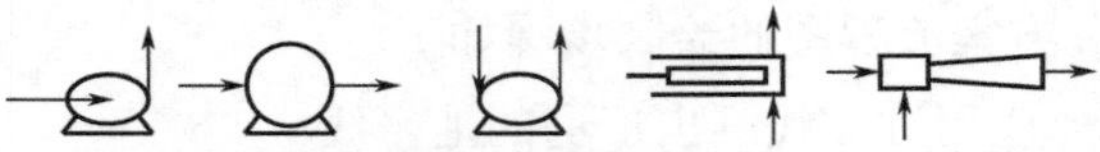 离心泵　旋转泵 齿轮泵　水环真空泵　柱塞泵　喷射泵
压缩机 鼓风机	V	鼓风机　离心压缩机　（卧式）　（立式） 旋转式压缩机
		四级往复式压缩机　单级往复式压缩机
反应器	R	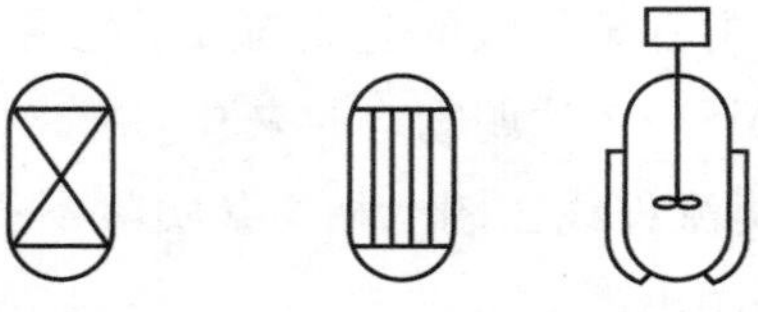 固定床反应器　管式反应器　聚合釜
容器 （槽、罐） 分离器	V	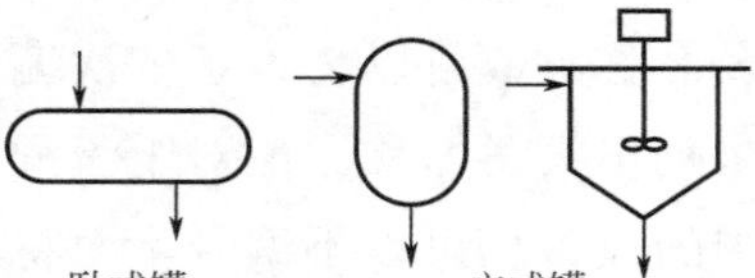 卧式罐　立式罐

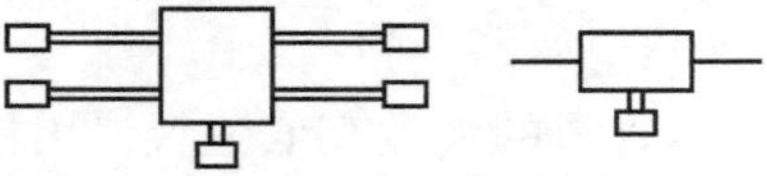

忠告:
工作称职不称职，安全生产作标尺

续表

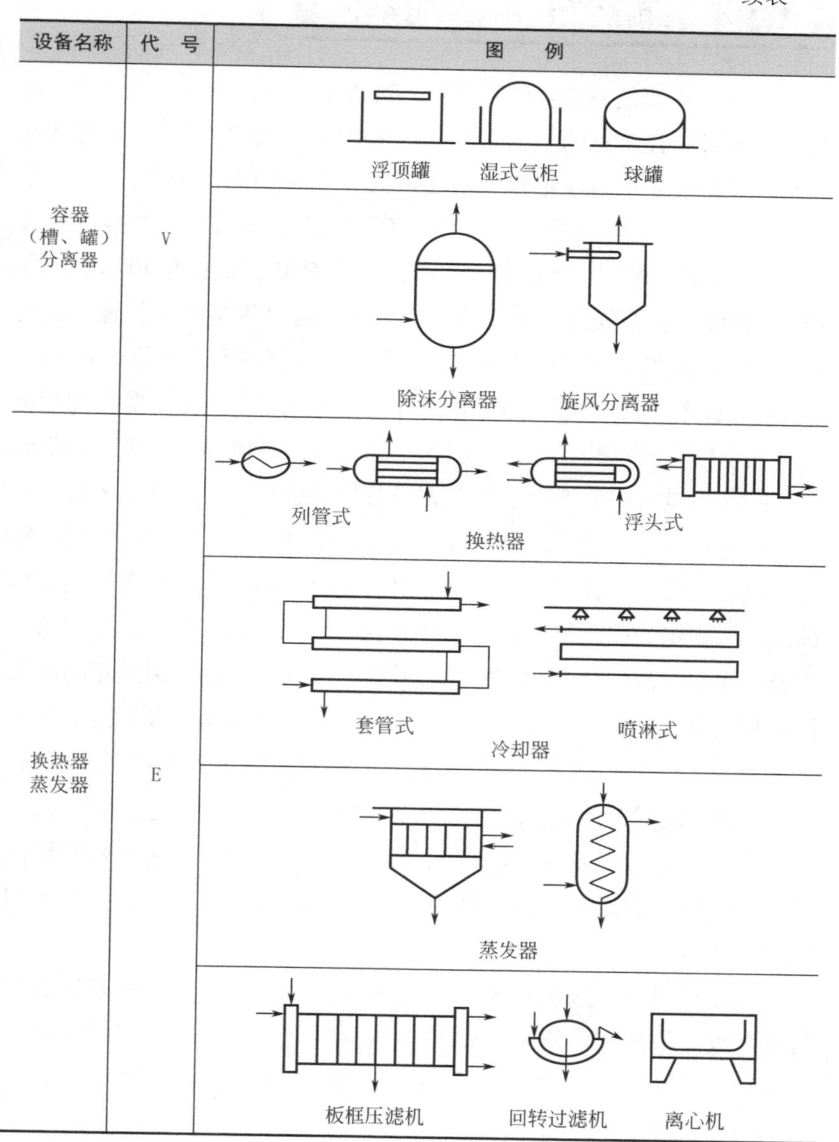

设备名称	代号	图例
容器（槽、罐）分离器	V	浮顶罐　湿式气柜　球罐
		除沫分离器　旋风分离器
换热器 蒸发器	E	列管式　浮头式　换热器
		套管式　喷淋式　冷却器
		蒸发器
		板框压滤机　回转过滤机　离心机

三、工艺管道及仪表流程图（PID）

工艺管道及仪表流程图又称施工流程图，或带控制点管道安装流程图，也称带控制点的工艺流程图。是借助统一规定的图形符号和文字代号，用图示的方法把建立石油化工工艺装置所需的全部设备、仪表、管道、阀门及主要管件，按其各自功能，在满足工艺要求和安全、经济的前提下组合起来，起到描述工艺装置的结构和功能的作用。 因此，它不仅是设计、施工的依据，而且也是企业管理、试运行、操作、维修和开停车等各方面所需要的完整技术资料的一部分。

工艺管道仪表流程图(PID)的基本内容包括：用规定的类别图形符号和文字代号表示装置工艺过程的全部设备、机械和驱动机，包括需就位的备用设备和生产用的移动式设备，并进行编号和标注；用规定的图形符号和文字代号，详细表示所需的全部管道、阀门、主要管件(包括临时管道、阀门和管件)、公用工程站和隔热等，并进行编号和标注；用规定的图形符号和文字代号表示全部检测、指示、控制功能仪表，包括一次性仪表和传感器，并进行编号和标注；用规定的图形符号和文字代号表示全部工艺分析取样点，并进行编号和标注；在图上注明安全生产、试车、开停车和事故处理过程中需要说明的事项，包括工艺系统对自控、管道等有关专业的设计要求和关键设计尺寸。

通过工艺管道及仪表流程图可以了解：设备的数量、名称和位号；主要物料的工艺流程；其他物料的工艺流程；生产过程的控制情况。

工艺管道及仪表流程图的表达应包括设备位号、名称和接管口的各种设备示意图，管道号、规格和阀门等管件以及仪表控制点的各种管道流程线，对阀门等管件和仪表控制点要有图例符合的说明。图12-3为工艺管道及仪表流程图。

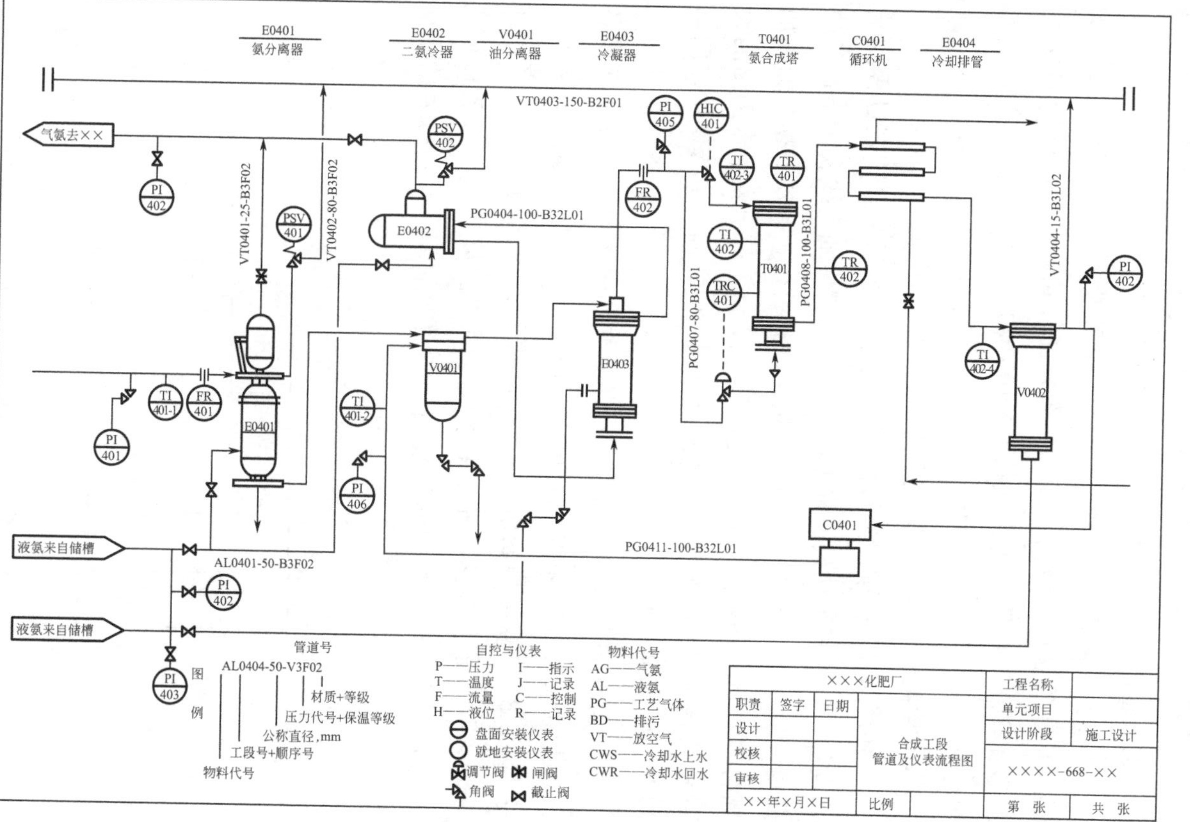

图12-3 某化肥厂合成工段工艺管道及仪表流程图

工艺管道及仪表流程图画法步骤如下：

① 选画幅定比例。由于图样采用展开形式，图样多是长方形，因而图幅常采用一号或二号图幅面加长的规格。图中的设备图形及其高低位置，可大致按1∶100或1∶50的比例，在图上注明比例；

② 用细实线画出厂房地平线；

③ 用规定的类别图形符号和文字代号表示装置工艺过程的全部设备、机械和驱动机，根据流程自左至右用细实线表示出设备的简略外形和内部特征（例如塔的填充物和塔板、容器的搅拌器和加热管等），设备的外形应按一定的比例绘制。对于表中未列出的设备和机器图例，可按实际外形简化绘制，但在同一流程图中，同类设备的外形应一致。

④ 标注设备位号和名称，设备位号和名称一般写在相应设备的图形下方或上方，其位置横向排成一行。相同设备用英文大写字母A、B、C等尾号表示，如塔用T表示，容器用V表示，泵用P表示，换热器用E表示等。主项代号用两位数字，由工艺总负责人给定。设备顺序号用两位数01、02等来表示。设备位号的组成如图12-4。

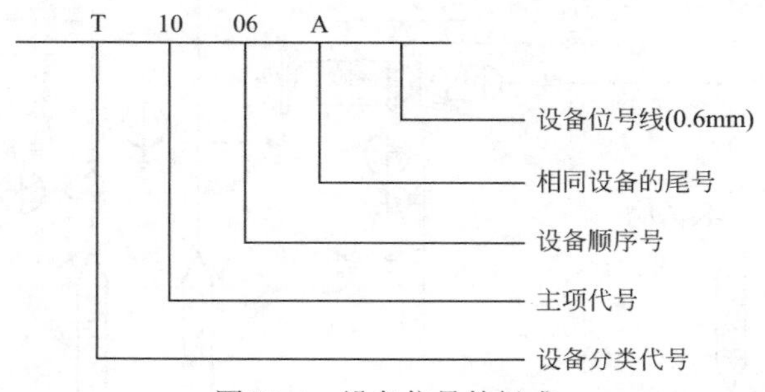

图12-4　设备位号的组成

⑤ 用粗实线画主要物料流程线；用中实线画辅助物料流程线；管线的高低位置应近似反映管线的实际安装位置；图中两线相交（实际不相交）时，相交处应有一线断开画出。对于辅助管道、公用系统管道，只绘出与设备（或主流程管道）连接的一小段；对于带仪表控制点的管道流程图，应画出所有管道，即各种物料的流程线，并在管道线上标注物料代号及辅助管道或公用系统管道所在流程图的图号；对于各流程图间相衔接的管道，应在始（或末）端注明其连续图的图号及所来（或去）的设备位号或管道号。参见表12-2。

表12-2　管道及仪表流程图上的管子、管件及管道附件的图例

名　称	图　例	名　称	图　例
主要物料管道		喷淋管	
辅助物料管道		放空管	
原有管道		敞口漏斗	
可折管道		异径管	
蒸汽伴热管道		视镜	
电伴热管道		Y型过滤器	
柔性管道		T型过滤器	
翅片管道		锥型过滤器	
文氏管		阻火器	
夹套管		喷射器	

⑥ 标注管道号、管径和管道等级三部分。前两部分为一组，其间用短线隔开，一般均标在管道上方。管道的标注方法如图12-5所示。

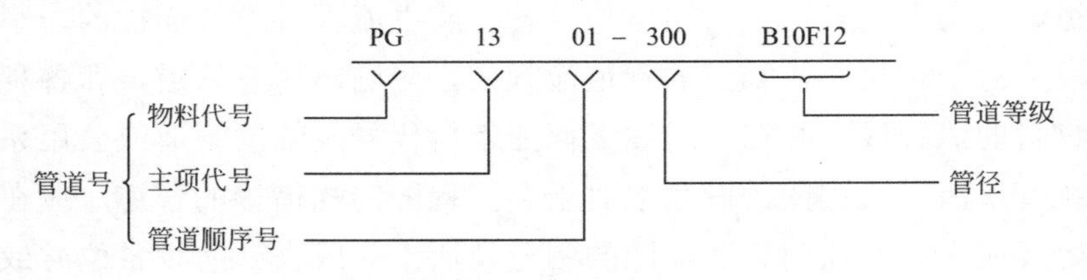

图12-5 管道标注方法

物料代号，见表12-3，主项代号与设备位号规定相同；管段顺序号，按生产流向依次编号，用两位数字01、02等表示；管径，一律标公计直径，公制管按外径×壁厚标注；管道等级一般可以不标，但对高温、高压、易燃易爆的管线一定要标注。

表12-3 化工工艺图上的物料代号

物料代号	物料名称	物料代号	物料名称	物料代号	物料名称
A	空气	CS	化学污水	F	火炬排放气
AM	氨	CW	循环冷却水上水	FG	燃料气
BD	排污	DM	脱盐水	PL	工艺液体
BF	锅炉给水	L$\overline{O}$	润滑油	PW	工艺水
F$\overline{O}$	燃料油	LS	低压蒸汽	R	冷冻剂
Es	熔盐	MS	中压蒸汽	R$\overline{O}$	原料油
G$\overline{O}$	填料油	NS	天然气	S$\overline{C}$	蒸汽冷凝水
H	氢	N	氮	SW	软水
HM	载热体	$\overline{O}$	氧	TS	伴热蒸汽
HS	高压蒸汽	PA	工艺空气	VE	真空排放气
HW	循环冷却水回水	PG	工艺气体	VT	放空气
IA	仪表空气	DR	排液、排水		
BR	盐水	DW	饮用水		

⑦ 在流程线上画出管件、阀门和仪表控制点等符号与代号；流程线的起始和终了处注明物料的来向与去向。

⑧ 标出工艺流程图中仪表的符号。仪表符号包括图形符号和字母代号，这两部分合起来，表达仪表所处理被测变量的功能，或表示仪表名称；字母代号和数字编号组合起来组成仪表位号。图形符号见表12-4，字母代号见表12-5所示。

如$\frac{\mathrm{TRC}}{131}$，从图形符号表示为集中仪表盘安装的仪表，字母代号T表示被测变量（温度），R表示记录、打印，C表示控制、调节。数字编号131中的前一位数字“1”表示工段号，后两位表示回路序号。

⑨ 编制图例，填写标题栏。

表12-4 仪表安装位置的图形符号

内　容	图形符号	内　容	图形符号
就地安装仪表		集中仪表盘后安装仪表	
集中仪表盘面安装仪表		就地仪表盘后安装仪表	
就地仪表盘面安装仪表			

表12-5 字母代号

字母	第一位字母		后续字母	字母	第一位字母		后续字母
	被测变量或初始变量	修饰词	功　能		被测变量或初始变量	修饰词	功　能
A	分析		报警	N	供选用		供选用
B	喷嘴火焰			O	供选用		节流孔
C	电导率		控制（调节）	P	压力或真空		试验点（接头）
D	密度和相对密度	差		Q	数量或件数	积分、累计	积分、累计
E	电压（电动势）		检测元件	R	放射性		记录或打印

续表

字母	第一位字母		后续字母	字母	第一位字母		后续字母
	被测变量或初始变量	修饰词	功　能		被测变量或初始变量	修饰词	功　能
F	流量	比（分数）		S	速度或频率	安全	开关，联锁
G	长度（尺寸）		玻璃	T	温度		传送
H	手动			U	多变量		多功能
I	电流		指示	V	黏度		阀、挡板、百叶窗
J	功率	扫描		W	重量或力		套管
K	时间或时间程序		自动—手动操作器	X	未分类		未分类
L	物位		指示灯	Y	供选用		继动器或计算器
M	水分或湿度			Z	位置		驱动，执行或未分类的终端执行机构

参考文献

[1] 陈性永．操作工．北京：化学工业出版社，1997.

[2] 王奇．化工生产基础．第3版．北京：化学工业出版社，2013.

[3] 韩文光．化工装置实用操作技术指南．北京：化学工业出版社，2001.

[4] 王方林．化工实习指导．北京：化学工业出版社，2006.

[5] 杜克生等．化工生产综合实习．北京：化学工业出版社，2007.

[6] 周大军等．化工工艺制图．第2版．北京：化学工业出版社，2012.

[7] 胡建生．工程制图．第2版．北京：化学工业出版社，2010.

[8] 朱宝轩．化工安全技术概论．北京：化学工业出版社，2005.